GRAPHIC LIGHTING DESIGN

照明设计 实战手册

［美国］ 马克·卡伦

［美国］ 詹姆斯·R.本亚 著

［美国］ 克里斯蒂娜·斯潘格勒

程天汇 译

江苏凤凰科学技术出版社·南京

图书在版编目（CIP）数据

照明设计实战手册 /（美）马克·卡伦,（美）詹姆斯·R·本亚,（美）克里斯蒂娜·斯潘格勒著 ; 程天汇译 . -- 南京 : 江苏凤凰科学技术出版社 , 2022.6

ISBN 978-7-5713-2925-9

Ⅰ . ①照… Ⅱ . ①马… ②詹… ③克… ④程… Ⅲ . ①照明设计—手册 Ⅳ . ① TU113.6-62

中国版本图书馆 CIP 数据核字 (2022) 第 082117 号

照明设计实战手册

著　　　者	[美国] 马克·卡伦　　[美国] 詹姆斯·R.本亚　　[美国] 克里斯蒂娜·斯潘格勒	
译　　　者	程天汇	
项 目 策 划	凤凰空间/刘立颖　蒋　琪	
责 任 编 辑	赵　研　刘屹立	
特 约 编 辑	刘立颖	

出 版 发 行	江苏凤凰科学技术出版社
出版社地址	南京市湖南路1号A楼，邮编：210009
出版社网址	http://www.pspress.cn
总 经 销	天津凤凰空间文化传媒有限公司
总经销网址	http://www.ifengspace.cn
印 刷	天津图文方嘉印刷有限公司

开 本	787 mm×1 092 mm　1 / 16
印 张	13.5
字 数	336 000
版 次	2022年6月第1版
印 次	2022年6月第1次印刷

标 准 书 号	ISBN 978-7-5713-2925-9
定 价	88.00元

图书如有印装质量问题，可随时向销售部调换（电话：022-87893668）。

前言

本书第二版出版已有五年,这五年里照明设计相关的技术及应用发展越来越快,同时全世界人民对于环境可持续性发展的意识也越来越强。这些都改变了建筑行业的面貌,从我们居住的住宅建筑到工作和娱乐的多功能建筑都受到了影响。本书第三版着眼于解决这些新出现的室内照明设计问题。

本书的着重点仍然是照明相关的设计问题,同时继续提供与设计问题相关的技术信息。室内空间的舒适和使用者的满意始终是照明设计的终极目标。之前版本中的"电气师笔记"在第三版中仍然保留,会更多关注有关可持续性设计方法和技术方面的内容。上一版中加入的色彩理论和技术内容在本次版本更新中进一步扩充,帮助大家学习。

我们很欣慰能有这次机会进一步完善之前的作品,给大家提供一份更有效的学习和设计资料。萨丽·丹克娜为本书的修订做出了重要贡献,绘制了大量图表,还更新了很多内容。此外要特别感谢编辑阿曼达·谢特尔顿,感谢他在全程中给我们提供的帮助。

马克·卡伦和克里斯蒂娜·斯潘格勒

译者序

这已经是我翻译的第 6 本照明类英文教材了,借此机会也想谈谈国内外照明设计教育的差异。

我在大学阶段学习照明时,课程设置还相对偏重于技术类的知识,例如光源与灯具的物理原理、光度学和色度学基础、各种测量与计算方法等。国外的许多教材,在讲授实际的照明实践之前,也会有相当篇幅介绍基础理论知识,包括光的本质、光的度量、色彩基础、光源原理与种类、灯具分类、电气控制等,这常常会让非理工类背景的初学者望而却步。

事实上照明设计并不是一门神秘高深的学科,而是一种应用性很强的技能。没有任何理论基础的人,也可以通过合理的学习、实践掌握基本的设计方法。

本书针对的对象就是非照明专业出身或者并不是专职从事照明设计的人,如建筑师、室内设计师等。换言之,这是一本面向"圈外人"的介绍并推广照明设计基础的入门书。因此,本书并没有大篇幅地介绍相对复杂而艰深的专业知识,而是着重于帮读者建立一套逻辑清晰、行之有效的设计方法论,庖丁解牛般对照明设计的实际操作流程进行分解介绍,并通过各种实例来验证这套方法论的有效性,让初学者可以从零开始掌握照明设计的基本设计概念和技法。

很高兴有机会将本书译成中文版,可以让更多对照明设计怀有热情的朋友们有更好、更快的方式理解和学习照明设计。

程天汇

2022 年 5 月

如何使用这本书

《照明设计实战手册》是一本旨在帮助大家解决基本照明设计问题的工具书，面向对象是建筑学和室内设计的学生或从业者，以及相关行业人员，例如物业管理、建设管理、商业规范及电气工程人员等。

本书聚焦于设计，却不局限于技术或术语，而是对照明理念的扩展。它通过灯具的正确选择和布置来实现最佳的照明效果，创造在功能和美学上都令人满意的空间，并对照明技术（及相关术语）做了足够深入的介绍，能够满足其设计定位。对于更多的技术知识，读者可以自行参阅相关资料。

本书还是一本着眼于实用性的教材，目的是让读者掌握应对各种类型照明问题的设计方法和工具。

组织结构

本书分为 4 个部分：

第 1 部分：照明基础知识。第 1 章到第 8 章介绍了有关照明设计的一些基础知识（及相关术语），其深度足以满足本书读者的需求，不对个别技术问题做太多展开。具体涉及的技术问题包括光源及其颜色属性、灯具、开关及控制、自然采光、照明计算等。

第 2 部分：设计流程。第 9 章和第 10 章介绍了做出成功照明设计的基本流程或者说方法论，包括用来表达方案的各种表现手法和工具。在这里，"成功"的定义是满足视觉功能需求、获得令人满意的美学外观，以及灵活地运用照明设计技术（包括满足规范要求）等。作为设计前的使用工具，我们还给出了一套照明设计标准矩阵。

第 3 部分：应用及案例研究。第 11 章到第 16 章针对几种主要建筑类型中的典型照明设计问题进行具体阐述，包括住宅建筑、办公建筑、教育机构建筑、医疗建筑、商业建筑、酒店建筑；第 17 章讨论了部分公共空间的照明设计，例如卫生间、走廊以及机场候机区；第 18 章介绍了室外照明设计；第 19 章讨论的是对已有建筑进行翻新时可能会遇到的问题。其中包含了很多案例研究，覆盖了众多典型房间和空间。它对设计问题、解决方案以及背后的设计逻辑都做了详细阐述。

第 4 部分：职业技能。第 20 章介绍了照明设计职业相关的一些额外的知识和信息，拟帮助读者完成从学习到真正执业的过渡。

很多章节中穿插了一些与技术和建筑相关的附加信息，称为"电气师笔记"，供想深入了解照明及相关领域的读者参考。

本书还包含两个附录：附录 A 介绍了节能规范及其对设计的影响，附录 B 是LEED 认证中照明相关内容的介绍。

充分使用本书

本书的根本目的是指导实践，而不是单纯的阅读。学习的主旨就是把新掌握的知识尽快应用到实际工作中去。案例研究中所举的例子代表了典型的照明应用场景。在这些例子以外，照明设计变得越来越复杂和有挑战性。本书的目的不是让读者能够应对那些复杂的问题，而是让读者理解基本的照明设计理念、技法和现实的目标，通过和项目中各专业的紧密配合创造出最佳的效果。读者必须学会用照明设计师的方式和他人交流设计目的。这种沟通的前提是对照明设计有基本的概念理解，这也是希望读者通过本书完成的最大的学习目标之一。

如果将本书用于课堂教学，那么最好的教学方法就是让学生们针对同一个设计问题相互之间交流想法，让大家做公开的评比和讨论。在课堂之外，读者应当利用一切机会和照明设计师对设计方案进行讨论，尤其是那些有大量实践经验的设计师。这种讨论的价值不可估量。

虽然本书提供了一些解决设计问题的具体流程，但不要认为这就是唯一的正确方法。在实际的设计工作中，往往存在着很多可行的替代方案。希望各位设计师拥有大量解决实际问题的经验后，能够发展出一套属于自己的方法论。

目录

第1部分   **照明基础知识**   **11**

第1章   照明的基本概念   12

第2章   光源的品质   21

第3章   自然光照明   33

第4章   光源   40

第5章   灯具   62

第6章   照明控制   79

第7章   光的度量   87

第8章   光的品质   100

第2部分   **设计流程**   **109**

第9章   照明设计方法   110

第10章   照明设计文档   116

第3部分   **应用及案例研究**   **123**

第11章   家居照明设计   124

第12章	办公空间照明设计	136
第13章	教育机构照明设计	151
第14章	医疗机构照明设计	157
第15章	店铺照明设计	163
第16章	酒店照明设计	171
第17章	公共空间照明设计	183
第18章	室外照明设计	194
第19章	照明翻新基本知识	203
第4部分	**职业技能**	**205**
第20章	职业照明设计	206
附录A	**节能规范计算**	**213**
附录B	**LEED中的照明**	**215**

第1部分

照明基础知识

第 1 章 照明的基本概念

照明是设计师非常重要的一种工具,因为照明可以彻底改变受众对于某个空间的感受。如果照明设计不能充分且适当地照亮空间,那么其是个不合格的设计。我们对于环境的体验绝大部分是通过视觉完成的,没有光,我们什么也看不到。照明引导人们在空间中行走,控制着人能看到什么,看不到什么。照明可以快速简单地改变空间的氛围以及人在其中的感受。适当的照明能让用户轻松完成手头的任务。最终照明决定了一个设计能否在美观性和功能性两方面取得成功。作为一名设计师,研究照明非常重要。设计师对空间要有全面的了解,包括其建筑特征、功能需求、家具和设备规划、用户交互,以及整体设计理念。如果设计师还能掌握有关照明设计、光源和灯具的基本知识,那就更有利于向照明设计师准确描述出希望达到的照明效果。此外,认识到照明的重要性能让设计师从项目全程的角度来设计照明,而不是在建筑基本完成后再来考虑。

要掌握照明设计的方法具有一定的挑战性,因为照明领域的技术进步很快,可供选择的灯具有无数种。设计师必须首先确定哪些对象和表面需要照亮,并综合考虑照明的不同层次。

多层次设计

多层次原则有助于我们建立一个理解照明设计审美和构成的思想框架。通过分层设计确保我们的设计可以满足相关要求。整体而言,使用分层设计可让空间更为多样和有趣,同时能为终端用户提供一定的灵活性。此外分层照明更关注照亮特定位置的特定表面,因而相比均匀照亮整个空间的手法更为节能。

照明层次

灯光的层次是根据其重要性及视觉冲击力来划分的。每个层次都有其特有的作用,最终整个空间的照明效果需要多个灯光层次组合到一起才能完成。

焦点层次

　　焦点层次通常用来突出垂直表面和三维物体,包括建筑特征、精彩的细部、艺术品、零售展示和标牌等。虽然这一层次通常被认为是出于美学上的装饰目的,但也对整个空间给人的亮度感知有重要作用。

　　要理解这一灯光层次的意义,我们必须知道人和光是怎样互动的。人类首先看到并感知到的,通常都是明亮的垂直表面。垂直表面(墙面、家具、艺术品等)照明良好的空间比仅照亮水平表面(桌面、台面、地板等)的空间显得明亮得多。空间里关键的垂直元素和视觉焦点,能引导人们自发地在空间里穿梭(图 1.1)。

　　通常焦点层次的灯光光源不宜被看到,照明应达到见光不见灯的效果。

图1.1　焦点照明示例
(图片来源：史蒂芬·霍普)

任务层次

　　任务层次是用来完成特定视觉任务的。很多视觉任务,例如阅读和书写是在桌面上进行的,因此需要照亮空间中特定位置的桌面。只在视觉任务区域提供更高的照度相比于整个空间高照度而言更为节能(图 1.2)

图1.2　任务照明示例
(图片来源:马特·沃格。建筑设计:布拉德贝里和赫拉迪)

电气师笔记

　　房间的复杂程度不同,可能某个房间的灯光具有多种层次。由于每个层次的灯光都有不同的目的,需要分开单独控制,所以单个房间可能需要 4 个以上的开关或调光按钮。不同层次的灯光可以通过各种组合实现不同的效果,这也就是所谓的场景。

　　为了避免墙上出现成排的开关面板,照明设计师可以考虑选择带预设功能的场景控制面板(图 1.3)。基本场景控制面板可容纳 4 组常规按键,可以控制 6 组以上的灯光。这种系统通常带有预设功能,可以一键切换到设定好的灯光场景,而不用一个个手动去调。这类系统也可以集成到家庭影院或是会议室影音系统里。有关照明控制更多信息请参考第 6 章。

图1.3　墙面调光面板盒与预设调光系统
(图片来源:路创电子公司)

日光层次

在设计早期阶段,设计师就应当对房间里可用的日光进行调研评估,以减少人工照明的使用。

在整体照明设计中引入日光(图 1.4)的好处如下:

- 减少灯具及控制数量,从而实现节能。
- 日光更能表现出空间里真实的色彩。
- 建筑开窗能提供更好的视野和通风。
- 日光能帮助使用者减轻压力,提升正面情绪,从而提高生产效率。

不过要注意一点,引入日光照明要注意控制眩光和热量,要想深入了解请参阅第 3 章。

图1.4　引入日光示例
(图片来源: 杰弗里·托塔罗)

装饰层次

可以将装饰照明形象地看成建筑的首饰,其首要目的是给空间提供点缀,以更吸引眼球,彰显风格、个性(图 1.5)。装饰照明在室内设计和主题空间设计中尤为重要。此外,装饰灯具可以在人眼高度上创造亮点,相比只有天花照明能让空间更为生动有趣。不过装饰灯具的发光效率一般都比较差,所以通常不会用装饰灯具来提供任务照明,但可以提供一定的氛围照明。

图1.5　装饰照明示例

氛围层次

氛围层次为整个环境提供了背景灯光,定义了空间的情绪。氛围照明通常对比度很低,能保证看清基本的面部特征和人物动作。通常如果其他几个层次的灯光已经考虑完备,可能并不需要氛围层次,所以可以留到最后考虑。

氛围灯光的强弱很重要:如果氛围灯光水平相比焦点灯光低很多,两者之间的对比度会很高,整个空间看起来会更加有戏剧性(图1.6);反之,如果氛围和焦点及任务灯光很接近,房间就会显得轻快、明亮(图1.7)。由于氛围灯光具有这种决定房间情绪的作用,因此对其选用必须慎重。

将多层次应用到设计中

现在设计师们对于灯光的五个层次有了基本的了解,今后在设计时应尽量在早期阶段就规划好各个层次。等到基本的家居布置平面图以及初始立面设计完成后,就可以启动灯光层次的研究了。在此阶段,关键是思考清楚哪些表面、哪些物体以及哪些视觉任务需要照明,而不是要用什么灯具。这时用一些手绘草图表示出灯光层次很有用,如图1.8所示。另外采用不同的颜色表示不同的层次能快速反映出层次之间的交叠关系。这种手法是重要的设计工具,可以指导后续的扩初设计。

图1.6　高对比度的氛围照明示例

图1.7　低对比度的氛围照明示例

（图片来源：哈尔金·梅森）

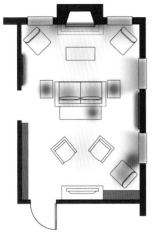

■ 焦点
■ 任务
■ 日光
■ 装饰
□ 氛围

图1.8　灯光层次草图

一套灯具，提供两个或更多层次

太多的灯具——特别是太多种类的灯具——会在视觉上显得凌乱，而且会增加成本。好的照明设计师会努力在保证基本效果的前提下保持极简。一种常用手段就是使用一套灯具或系统来提供两个以上的灯光层次，以下是几个常见的例子：

- 使用装饰照明作为氛围照明。选择装饰灯具时要仔细，避免产生眩光。上照光的灯具能同时达到很好的装饰效果和氛围效果，但传统的裸光源装饰灯具不适合用作氛围照明（图1.9）。
- 焦点照明和任务照明可采用同种灯具，嵌入式可调角筒灯以及轨道灯具既可以提供任务照明，也可以照亮艺术品（图1.10）。
- 使用装饰照明作为任务照明。台灯、落地灯、吊灯以及其他类型的装饰灯具有时也能满足任务照明的需求（图1.11）。

一般照明，只有一个层次

所谓一般照明指的是采用一套灯具或一组同类灯具来提供所有的任务照明和氛围照明的设计手法（图1.12）。这种层次单一的手法在很多设计简单的办公室、教室、商场等空间里应用广泛。一般照明造价低廉，易于安装使用，但缺少变化且设计风格单一。

值得注意的是，即使是最简单的一般照明，也可以通过增加一点焦点照明而使照明功能性得到很大提升。例如，在教室前方设置焦点照

图1.9　装饰照明兼做氛围照明
（图片来源：马特·沃格。建筑设计：布拉德贝里和赫拉迪）

图1.10　焦点照明和任务照明的组合
（图片来源：TechLighting公司）

图1.11　装饰照明兼做任务照明
（图片来源：TechLighting公司）

图1.12　一般照明示例
（图片来源：约瑟夫·M.柯琴）

明能帮助学生集中注意力；办公空间里对装饰品或展板的焦点照明能提醒员工们观看；店铺里的焦点照明会引导消费者走向柜台。

关于组合的提醒

好的照明设计必然是和空间的设计和谐共存的，对于建筑照明和室内照明设计领域，个人的设计技巧会随着设计经验、总结以及实践的增加而提升。单层次的照明设计相比多层次设计更简单，但要想驾驭多种灯具的组合不是件容易的事。此外，节能要求对于多层次照明来说更是个挑战，特别是装饰层次，有时候需要做出取舍。

后面第 3 章到第 10 章将给各位设计师提供必要的照明知识，这些背景知识能帮助设计团队做出正确的设计决定。第 11 章到第 18 章将分类型进行案例分析，帮助大家把知识应用到实际项目中。

第 **2** 章 光源的品质

太阳、月亮、星星是现实中最重要的光源,由于活动的需要,人类发明了新的光源。要了解光源,首先要搞清楚自然光和人造光之间的根本区别。

自然光是自然界中的物体发出的光,不受人类的控制。自然光包括日光、月光、星光,以及某些动植物、辐射物质、火发出的光。

人造光源在人的控制下才会发光,时间和量都可控。这类光源包括火把、油灯、煤气灯、电灯、光化学反应以及爆炸等。

由于方便性、安全性、清洁性方面的优势,电光源逐渐淘汰了其他所有人造光源成为现代建筑照明的主力。不过,由于人造光源不可避免地要消耗自然能源,所以我们应当尽可能多地利用自然光,这是建筑设计中最大的挑战之一。

实践中,光源可以用其发出的光的品质来衡量。这些品质对于最终效果至关重要,必须慎重选择。

光是如何产生的

绝大多数自然光,包括月光,其实都来自太阳。日光是完全清洁的光源,不消耗任何自然资源。而人造光源通常都要消耗能源,比如燃烧化石燃料,最终把能量转化为光能。电光源优于火把、蜡烛、煤气灯的一点就在于没有燃烧的污染。此外,电可以通过可再生资源来创造,例如风能、水能、地热和太阳能等。

电光源的工作原理决定于其发光的方式。白炽光源依靠的是白炽现象——金属被加热到一定程度后发光的现象。其他种类光源的发光原理包括一系列复杂的物理化学反应,将电能转化为光能,同时伴随着发热。这些物理化学反应通常要比白炽现象能效高很多。比如,荧光灯的发光原理是电能激发气体,使气体发出紫外辐射,然后通过荧光粉转化为可见光,整个发光过程的效率是白炽现象的400%。正因如此荧光灯被认为比白炽灯更为环保。

人眼看到色彩的原理

要理解光源品质的重要性,先要搞清楚人眼的工作原理和看到色彩的过程。

如图 2.1 所示,可见光是电磁辐射的一部分,并且只占一小部分,波长范围是 380 nm(紫色)到 740 nm(红色)。

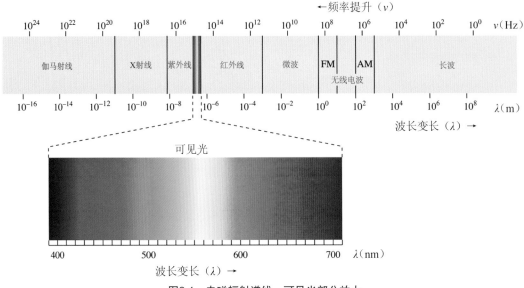

图2.1　电磁辐射谱线,可见光部分放大
(图片来源: 菲利普·罗南)

全光谱可以在彩虹或者通过棱镜折射的光中看到(图 2.2),包括了所有颜色。牛顿爵士通过棱镜实验发现了这一点。我们通常把颜色分为三原色(红、绿、蓝)以及三种辅色(黄、青和品红),如果把三原色相叠加,就会产生白色光,如图 2.3 所示。

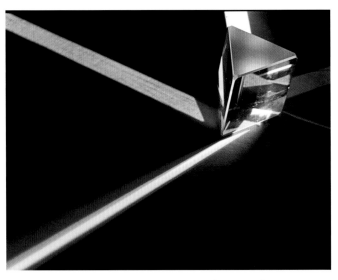

图2.2　白光经三棱镜折射形成七彩光谱
(图片来源: 亚当·哈特-戴维斯)

当白光照射到某物体,物体会吸收特定波长的色光,然后反射出剩余的光谱,如图 2.4 所示。

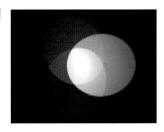

图2.3 光的三原色——红、绿、蓝

图2.4 波长的吸收和反射

反射光通过人眼的角膜进入瞳孔,瞳孔会随着光线的强弱以及环境的变化而收缩或舒张。设计时要注意高低照度之间的过渡,以免视力受损。光线通过晶状体进入视网膜,视网膜上包含"锥状"和"杆状"感光细胞,将光转化为神经信号传入大脑(图 2.5)。人眼看到不同波长的光后,大脑将其转换为对应的色彩。

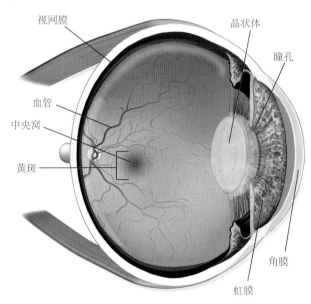

图2.5 眼球解剖示意

光源选择

可以想见,光源里的光谱越齐全,越易于人眼和电脑分辨出物体的真实颜色。如图 2.4,如果人工光源缺少红色波长,因为反射光很少,苹果就会显得灰暗。设计师对人工光源的评价标准主要有两条——显色指数和色温。

显色指数

　　显色指数（CRI）用 0（很差）到 100（完美）的数值来描述光源的显色质量，数值表示的是光源表现物体真实色彩的能力，相比于参考光源（通常是白炽光源或日光，两者的 CRI 为 100）。通常来说，光谱中的波长种类越全，CRI 越高。图 2.6 展示了同样的物体在不同光源下的显色效果。在 CRI 高的光源照射下物体色彩显得更为饱满，这在室内设计中非常重要。

80+CRI（3 500 K）　　　　　　　　　70CRI（3 500 K）

图2.6　两种CRI光源照射下的物体

　　CRI 的计算方法是让检测光源和参考光源一起照射国际照明学会（CIE）选定的 8 块标准色板，CRI 即在两种光源照射下标准色板表现出的色差的平均值。两者之间的差异越小，CRI 数值越高。由于常用的 CRI 是平均值，设计师无法凭借 CRI 了解光源对于特定颜色的表现能力。对于特殊场所光源的选择，比如博物馆或者高端商场，必须查验每种色彩的测试结果。此外，还可以将测试色板的数量增至 14 种，以进一步检验效果（图 2.7）。

CRI检测标准色样

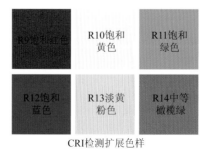

CRI检测扩展色样

图2.7　显色指数标准色卡

电气师笔记

由于 LED 作为光源的使用越来越普遍,2015 年北美照明学会(IESNA)制定出一套新的显色评价体系。事情的起因是很多 CRI 和色温数值相同的 LED 出光效果却大不相同。新的评价方法叫作 IESNA TM-30,将原方法的 8 套或 14 套色板扩展到 99 种测试色。除此之外,在色调和饱和度方面的差别也被标定。

如图 2.8 所示,被测光源和参考光源之间的差异在色空间中展示。99 种测试色对应的结果表示为空间中一个点,连起来后形成一条封闭曲线,能表示出光源在色彩或饱和度方面的偏移。

需要注意下,如果采用传统的 CRI 测试方法,则两种光源都会得到 85 的数值。但如果看一下 TM-30 的图片,很明显一个光源的色调相比于另一个偏绿,因此 TM-30 能提供更为全面的色品质信息。

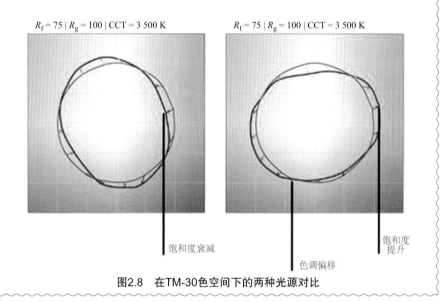

$R_f = 75 \mid R_g = 100 \mid CCT = 3\ 500\ K$ $R_f = 75 \mid R_g = 100 \mid CCT = 3\ 500\ K$

饱和度衰减

色调偏移

饱和度提升

图2.8　在TM-30色空间下的两种光源对比

色温

光源的色温可以用来描述光的颜色,色温数字越高,光源的光就显得越白越冷。色温这个概念是基于一个虚构黑色物体,在被加热到不同的温度时会发出不同颜色的光,其物体呈现为不同的颜色。例如随着金属被加热,先发出红光,然后是黄光、白光,最终接近于蓝光。这种变化趋势叫作"黑体曲线",用来界定特定的色温,单位是开尔文(K)。例如白炽灯的色温大约是 2 700 K,也就是类似于金属被加热到 2 700 K 时发出的色光。图 2.9 给出了常见的光源及其典型色温。

色温是根据 CIE 的标准色空间进行划分的(图 2.10),在这个色空间中,人眼能看到的每种颜色都有一个坐标(x, y)。饱和色位于整体外边界上,而白色位于中间。留意一下图 2.10 中的黑色曲线,它表示的是黑体曲线,也就是最优白光色温。如果光源的光色处于这条曲线上方,则会显得微微发绿;如果在下方,则会偏粉。现在高品质光源的研发目的就是尽量靠近这条曲线,照明设计选择光源时可以参照这条原则。

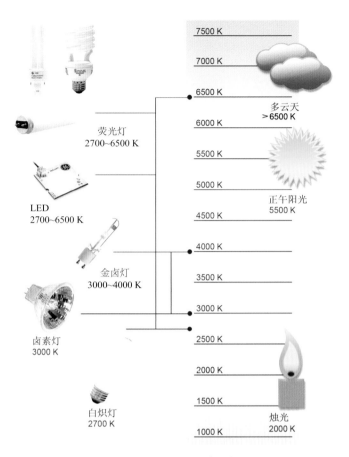

图2.9　光源及其典型色温

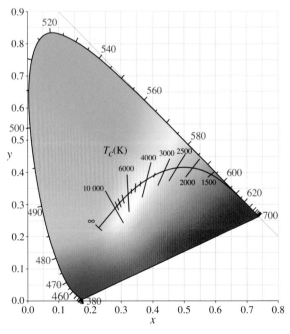

图2.10　CIE标准色空间，带黑体曲线

色温过暖或者过冷的光源会让物体的颜色显得怪异,因此要慎重选择。图 2.11 展示的是图 2.6 中的样品放在几种不同色温光源下的效果。(注:这些光源都有近似的 CRI 值)

所有的白色光源都可以用色温和 CRI 来评价,其中色温的区别性更为明显;两个色温相同而 CRI 不同的光源,相比于 CRI 相同而色温不同的光源,看起来要更为接近。

自然光的 CRI 按照定义为 100(完美),而其色温则变化很大,受天气、季节、空气污染以及观察角度影响很大。比如,正午蓝天白云的时候色温是 5 500 K,如果太阳被云遮住,单纯蓝天的色温要超过 10 000 K。晴天时日出日落时分的阳光色温可以低到 1 800 K。多云天气时的天光色温为 6 500 K。

照明设计师在选用电光源时,要根据表 2.1 和表 2.2 中的 CRI 和色温数据进行选择。

由于 LED 的色温选择非常多(参见第 4 章),并且易于控制(参见第 6 章),现在已经出现了可以调节色温的灯具。照明设计师可以根据需求在一天内的不同时间段改变色温,获得最佳效果。

| 2 700 K | 3 000 K | 3 500 K | 4 100 K |

图2.11　四种不同色温的白炽光源照射下的物体

表2.1　不同CRI数值的光源的应用

光源 CRI 取值	应用
<50	不重要的工业、仓储以及安全照明
50~79	对颜色要求不高的工业及一般照明(室内空间不常用)
80~89	住宅、宾馆、餐厅、办公室、学校、医院以及对颜色要求高的商业场所
90~100	对颜色品质要求很高的住宅、商场及博物馆和美术馆

表2.2　不同色温灯具的应用

色温(单位:K)	应用
<2 500	集中式仓储及安全照明
2 700~3 000	住宅、宾馆、餐厅、主题环境以及某些商务办公室
2 950~3 200	商业及美术馆里的展示照明
3 500~4 100	办公室、学校、医院、某些商店
5 000~7 500	对颜色判别要求很高的特殊场合;很少应用于一般照明

色彩一致性和稳定性

　　光源的色彩一致性指的是该光源的色温和同类光源及灯具相比是否相同。一致性可以用光源的光色和目标色温之间的差异值来进行定义,具体是比较两者在黑体曲线上的位置(图2.10)。颜色之间的差异指标叫作标准配色偏差(standard deviation color matching,缩写为SDCM,又称色容差),也叫麦克亚当椭圆上的步数。一步椭圆指的是两者之间的色容差无法用肉眼识别,一步以上的色容差就可能被观察者看到。

　　有一点要注意,在图2.12中也能看到,两个光源距离标准光源都只有两步色容差,但它们相互之间有四步色容差。行业标准要求光源色温距离标准不能超过四步色容差,但通常厂家的要求会更高一些。

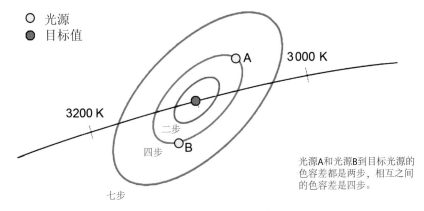

光源A和光源B到目标光源的色容差都是两步,相互之间的色容差是四步。

图2.12　麦克亚当椭圆里的光源

　　光源的色彩稳定性指的是其光色随着时间变化而变化的情况。所有的光源发光强度都会随着时间而衰减,但还有些光源的光色也会漂移(图2.13)。对于高端零售店、博物馆等对光色要求很高的场合,这些光色漂移因素也要考虑进去。

图2.13　光源随着时间的推移而产生的光色漂移

调光

调光指的是光源可以在非最大强度下工作,通常是出于节能或者氛围营造的目的。白炽灯光源的调光很简单,但是荧光灯等气体放电光源的调光却很复杂而且昂贵。照明控制及调光手段参见第 6 章。

方向性

光源的形状各不相同,如图 2.14 所示,从左至右分别是点光源、线性光源和面光源。每种形状的光源出光形式不同,也具有独特的效果。点光源就是一个亮点,因此经常被用作指示灯,用来导向。点光源通常有其特有的方向性光束,经常在建筑中用作焦点照明和任务照明,参见图 2.15 中的示例。线性光源可以在建筑的墙面、天花或地板上形成线条光的效果,也可以隐藏安装用来突出高差或者材质变化(图 2.16)。面光源通常是能够提供氛围照明的灯具。

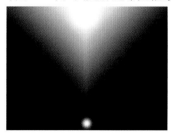  

图2.14　三种基本的光源形状

图2.15　点光源示例

图2.16　线性光源示例（图片来源：马特·沃格。建筑设计：布拉德贝里和赫拉迪）

光效

光源发出的光通量与消耗功率之比叫作光效,计量单位是 lm/W,数值越高越好。光效与方向性完全没有关系。

低光效的光源,例如白炽灯,每瓦只有不到 20 lm。好的有色光源,例如荧光灯和 LED,光效可以达到 100 lm/W。

工作温度

有些光源对于工作温度及其环境温度比较敏感,如果它们需要在非室温条件下工作,那么选用时就要做特殊考虑。

附属设备

很多电光源需要一些附属的电气设备才能正常工作,例如变压器、镇流器或者驱动电路。这些设备通常体积很大,外观也不美观,运行时还会有噪声。很多低压光源工作电压是 6 V、12 V 或 24 V,它们需要搭配变压器使用。LED 工作需要搭配驱动电路,这些驱动电路通常都整合到光源或灯具中,不过仍然需要外置的变压器。

环境温度

绝大多数光源的外壳都很热,有的温度高到足以导致烫伤甚至引起火灾。荧光灯的外壳也会发热,不过不会烫到无法触摸。LED 不同,它几乎不发热,如果LED 的温度过高以至于烫手很可能是出现故障了。

寿命

传统光源寿命的定义是一大批光源中 50%失效时的工作总时间。LED 的寿命定义不一样,因为 LED 不像传统光源那样直接熄灭,而是会慢慢衰减,它们的寿命末期通常指的是光输出衰减到 70%的时间点。光源寿命的差异很大,在选用时也是着重要考虑的因素。

流明维持率

对于所有光源来说,在全生命周期中,光输出都是逐渐下降的。流明维持率评价的就是光源到寿命末期时光输出损失的量。这个数据对 LED 很重要,因为LED 光源不像传统光源那样会直接熄灭不亮,而是慢慢衰减。如前所述,LED 光源的寿命指的是光输出衰减到 70%时的工作总时间。

启动时间

有些光源一通电就点亮,但是很多需要高能脉冲,这个过程需要时间,并且光源需要预热一段时间才能达到最大强度。此外,如果遇到断电,有些光源需要先冷却下来才能重新启动。在预热阶段,光源先发出微弱的亮光,然后慢慢地达到全输出。显然这些因素在设计时都需要考虑,特别是不能用作安全照明。

电气师笔记

　　IESNA 研发出一套方法来检测及预测光源的寿命。对于荧光光源的寿命检测程序叫 LM-40-10,能够预估一组光源中 50%失灵的时间。由于 LED 的寿命非常长,因此 IESNA 开发出两种新方法来预测其寿命:LM-80 检测流明衰减,LED TM-21 从 LM-80-10 测试中获取数据,通过多种算法得出 LED 的预计寿命。我们还经常看到 L90、L80 及 L70 这样的数据,分别表示 LED 衰减到 90%、80%及 70%的时间。例如,L70 为 50 000 h 的 LED 表示 50 000 h 以后,该 LED 仍能有初始光通的 70%。

初始成本与运营成本

　　初始成本指的是业主用来购买以及安装照明的成本。运营成本包括照明所消耗的电费以及购买和更换光源的成本。通常来说,初始成本相比整个寿命期间的电费来说是少的。如果按照全寿命周期成本来分析,光源的光效和寿命就很重要。

　　在为项目选择光源时,必须理解以上讨论的哪些因素最为关键。一旦确定出优先的需求,选择光源就容易多了。第 4 章会用前文中说过的标准来评价主要的光源种类。

第 **3** 章 **自然光照明**

在选取合适的人工光源之前,我们首先应考虑如何有效地利用自然光。自然光是很优质的光源,很受人们欢迎。经过合适的设计,自然采光可以大大减少电光源的使用时间。

自然光的生理及心理效应

在 1973 年出版的著作《光与健康》中,约翰·纳什·奥特(John Nash Ott)把他自己的健康归功于"全光谱照明",引发了全世界持续到今天的大讨论。与此同时,研究睡眠紊乱和季节性情绪紊乱(SAD)的医生们发现特定的光照对病情有良好的治疗效果。

今天的科学研究已经有充分的证据来证实到底是什么让奥特感觉良好和治好了 SAD 患者。其中的关键就是自然光及其昼夜变换的规律。简而言之,接受自然光的照射并且遵循自然的昼夜节律能够让我们的身体变强壮,特别是免疫系统。

早晨

昼夜节律开始于早晨,早晨的阳光穿透我们的眼睑,让血液里的褪黑素急剧下降。晨光的光色特别是短波蓝光非常重要,是区别于其他时段日光的要素。在晴天,日光的高强度及高色温会让我们更加清醒、有精力。阴天或者雨天时,身体内部的生物钟发挥作用,保证最低限度的清醒。

日间

日间的光照水平很高,色温也很高。中午的阳光中含有较强的紫外线,接受其照射后会让皮肤产生维生素 D,这对免疫系统很重要。清晨人的清醒程度保持在较高的水平,随着时间的推移,光照和色温逐渐下降,预示着夜晚即将来临,这是睡眠周期的开始。

晚间

晚上光照水平下降,色温也变暖,血液中的褪黑素含量上升(褪黑素是和昼夜节律调节相关的一种激素,会导致困倦和促进睡眠)。夜晚人体体温会下降,肌肉和器官得到充分的休息。事实上身体每个部位,即使发生病变的部位在晚间都会处于休息状态。只有免疫系统例外,它们会抓住这个机会来消灭病菌。大约在日出前 30 min,整个循环系统重新回到觉醒状态。

人体的生物钟

即使没有日照,人体也有内部的生物钟来保持生理循环运转。不过这个循环会被打乱。在东北地区,由于白天时间短导致日照时间缺少,很多人的生物钟会紊乱,导致季节性抑郁的发生。明亮的阳光照射可以校正身体的生物钟,不过一天的照射只能调整 1 h 的偏差,这点在时差调节方面已经得到验证。

自然光设计

随着电力的使用,人类社会的一系列活动会干扰自然节律,虽然不会致命,但这些变化能影响人体的长期健康。具体危害包括:

- 在现代发达国家,人们 90%的时间都在室内活动,经常会缺乏维生素 D。
- 白天室内照度相对室外更暗,色温也更暖,这会导致人的清醒度下降,影响生产和学习效率。
- 到了晚上,室内照度更高,并且电视机、电脑、智能手机的屏幕会把光照时间大大延长,减缓褪黑素的分泌,从而影响睡眠。
- 室外照明干扰动植物的节律周期,也会影响人类的节律。

应对这些健康问题的方法很多和日常生活习惯有关。比如,维生素 D 缺乏可以通过改变饮食习惯来弥补;晚上减少使用电子屏幕的时间可以帮助身体校正生物钟。

此外,新的 LED 技术让我们可以模拟日光的循环变化。虽然还不能应用于所有空间,但是在医院等地方非常有用。日光模拟还能帮助提升办公室和教室里人群的精力,缓解疲劳。

但是,我们还是应该提高对自然采光设计的重视。对于日常项目,最简单的方法就是多多利用自然光照明。

室内空间自然采光

自然光对几乎所有室内空间来说都是非常优质的光源。不过要注意,来自太阳的直射光并不受欢迎,因为会造成强烈的阴影和眩光;受欢迎的是昼光,其具体定义是从天空漫反射而来的光。

自然采光是利用窗户、天窗等手段把自然光引入建筑室内的做法。在建筑设计时必须对自然采光进行考虑。

- 建筑定位——意思是合理选择建筑朝向,以获得最大的光照。
- 建筑展面——对建筑形体进行规划,保证朝着阳光的一面获得最大采光面积。

- 选择开窗形式,保证在各种天气、季节条件下,都能最大限度地让阳光进入室内。
- 对不想要的阳光直射进行遮挡。
- 设置合适的可操控的遮阳设施,例如百叶窗或窗帘,让室内的人可以控制自然光的进入。
- 设计电气照明控制,能够充分利用自然光实现节能。

由于自然采光设计涉及基本的建筑结构,因此在建筑定型后再考虑就很难改变了。到了室内设计阶段,其实已经几乎无法再改变采光的情况了。因此,本书中不对自然采光设计做详细的介绍,如果想要了解相关内容可以参阅建筑设计类书籍。

应引入适量的自然光:太多了也不好,既会导致空调制冷的能耗增加,也会导致室内材料褪色加重。自然光中有相对较高的紫外线成分,因此在博物馆设计中要格外小心,因为紫外线会对很多展品造成不可逆的损害。

整合自然光和人工光照明

每天可用的自然光的量会随着时间、季节、气候和空气污染状况而变化。最大的强度出现在夏天的正午,可以达到 107 639 lx。从建筑能效的角度来说,我们只能允许 5% 的日光进入建筑;再多的话就会产生大量热量,导致空调能耗升高。

从能源角度来说,自然光比人工光有更大的优势。除了减少人工照明直接节省下的电力,还有因为少开灯而减少大笔的空调能耗开支。事实上,如果灯开得少,空调系统也不用全负荷运转。

为了充分发挥自然采光的节能效果,有必要关闭或调暗部分人工光。具体设计方法包括:

- 设置大量的手动开关及调光器,鼓励用户随时关灯或者调暗灯光。
- 在有自然光的区域设置自动的光电感应设备,能够根据日光水平自动关灯或调暗。
- 设置自动的定时控制系统,根据实时的日照情况调节灯光。

每种手段都有其优势,普遍认为关灯最廉价,调暗是最受欢迎的手法。步进式调光,或者说设定两到三种照明水平,很多情况下更实用。

当同时使用人工光和自然光时,人工光的光源是否要匹配自然光呢? 大部分情况下,最好是不要去匹配,单独选择人工光光源。如果要匹配自然光,必须选择色温非常高的光源,到了晚间会显得过于冷。自然光的光色变化也很大,日落时的色温低到 2 000 K,而正午的色温介于 5 500~6 000 K 之间。采用可变白光系统去匹配自然光的色温是有益的,因为可以改善人体的昼夜节律系统。

顶部采光

引入自然光最常用的方法之一就是采用天窗或其他形式的屋顶窗。这样来自顶部的采光就像人工照明一样,从上到下直接照明。指导人工照明设计的原则同样适用于顶部采光。

顶部采光有以下几种经典类型:

- 天窗(图3.1),让阳光或者天光从顶部的开孔直射下来。这种顶部采光是自然采光最简易的形式,不容易受建筑朝向和周围建筑的影响。到了晚间,人们自然会希望把天窗照亮以继续模拟自然光,不过这种方法要小心操作,因为灯光会穿透玻璃向上照射天空,这既浪费能源又会造成光污染。
- 单侧天窗(图3.2),是在立面上开窗引入自然光,既能提供直接照明也能提供间接照明。根据屋顶的形状,部分直射光会被飘檐反射。不过这种形式的天窗受建筑朝向影响较大,进入室内的直射光可能会造成眩光。
- 锯齿单侧天窗(图3.3),既能提供直接照明也能提供间接照明,因为大部分光线会被临近的天花反射,降低了自然光的利用比例。如果锯齿单侧天窗朝北,将会是大尺度室内空间非常优质的光源。
- 眺望台,又叫双侧天窗(图3.4),也能引入充足的自然光,对于那些朝向不适合采用其他采光形式的建筑格外适用。

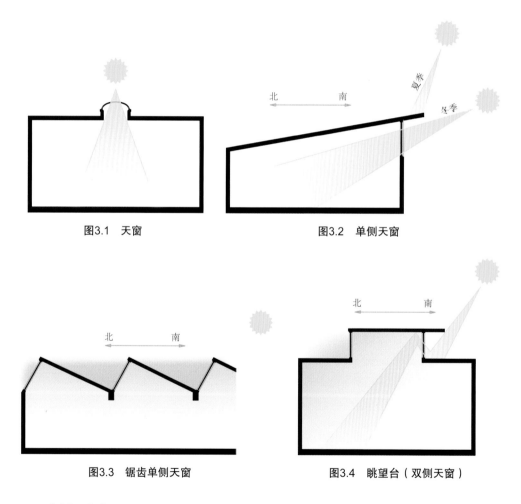

图3.1　天窗

图3.2　单侧天窗

图3.3　锯齿单侧天窗

图3.4　眺望台(双侧天窗)

侧向采光

侧向采光利用建筑立面上的开孔(通常为窗户)来引入自然光。和顶部采光不同,侧向采光引入的自然光可能会非常亮,有时会造成眩光。不过,侧向开窗带来的室外景色是很令人愉悦的,眩光属于可接受的副作用。

很多现代商业建筑的窗户采用低辐射(low-e)玻璃,low-e玻璃是用两层以上的玻璃叠加而成的,其中一层涂上了特制的膜,可以让绝大多数可见光进入室内,同时将红外辐射阻挡在外。在需要制冷的季节里,low-e玻璃可以大大减少阳光辐射进入室内的热量。此外涂膜还可以选择高反射材料,使得建筑外表具有镜面效果,进一步减少阳光射入。染色玻璃也可以减少阳光的进入和眩光。对于玻璃的选择就是令通透的视线和节能效果之间达到平衡。

东、南和西方向上的侧向采光会导致直接眩光和增加室内热量,其中一种解决方法就是设置遮阳设备。常见的遮阳设备包括遮阳隔板、遮阳篷、飘檐,以及百叶窗、窗帘等。

- 很多现代建筑会采用遮阳隔板(图3.5)来遮挡窗户上部的阳光,隔板的上表面是反射性的,将入射光反射到天花上,这样可以把阳光引入更深的室内。反射后的阳光变成均的间接照明,是最舒适的照明方式。遮阳隔板可以把自然光照射的进深提高100%以上,但只对直射阳光有效,对于多云的天光效果不佳。一般来说,遮阳隔板更适用于建筑南侧。

- 单向玻璃,相比普通玻璃的反射率要高一些,它会让自然光更暗一些,可以弱化自然光引起的眩光。

- 遮阳篷(图3.6)可以提供额外的遮阳保护,通常在建筑东侧和西侧较为需要。遮阳篷对于商业橱窗格外有用。如果没有遮阳篷,阳光很强时人们很难看清橱窗里面的展示品,因为室内的亮度远远低于室外。加上遮阳篷后,橱窗处于阴影下面,室内光显得更亮,人们也能看清里面的东西。

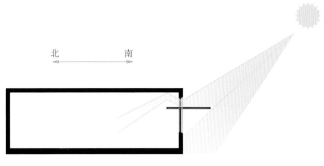

图3.5 建筑遮阳隔板

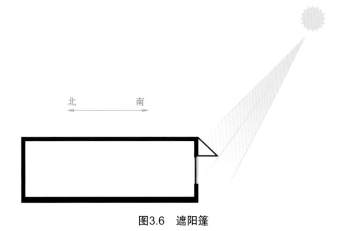

图3.6 遮阳篷

- 飘檐(图 3.7)和遮阳篷类似,能够提供一定的阴影,最适合用于建筑的南侧(对于北半球来说)。
- 百叶窗、窗帘是最常见的室内遮阳设施。室内遮阳窗帘最好具有一定的反射性,可以把不想要的光反射回室外。深色窗帘可以防止眩光,同时也保证了在室内观看室外景物的良好视线(图 3.8),不过它们会吸收阳光的能量从而变热,导致室内房间升温。可能的话,尽量在室外侧选择浅色窗帘而室内侧选择深色的。

侧向采光的另一个问题是照射深度不够。通常来说,自然采光的进深只能达到窗户高度的 2.5 倍。如果房间里窗户高度是 2.43 m,那么自然光最大进深大约是 6 m。窗户更高自然能增加自然采光,但也会导致眩光。

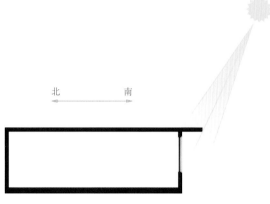

图3.7   飘檐

图3.8   卷帘颜色对比

(图片来源:路创电子公司)

自然采光设计的基本原则

虽然自然采光设计相对来说偏重技术性一些,但照明设计师可以遵循以下原则来提高自然光利用效率。

1. 建筑设计时尽量保证人员活动频繁的空间靠近窗户、天窗,尽量提供宽阔的视野。记住有效利用自然采光的区域宽度只有窗户宽度的 2 倍,深度是窗户高度的 2~2.5 倍。

2. 尽量增加建筑南北向的开窗尺寸,减小东西方向的开窗尺寸。因为东西方向的光照很难避免眩光和酷热。北半球朝北的窗户几乎没有热量问题,而南向的窗户很容易通过简易的遮阳设施来处理热量问题。

3. 如果建筑内有大片的面积不靠近窗户,适当考虑在顶部设置天窗。采光天窗应当占据整个屋顶面积的 3% ~ 5%,以保证充足的室内照明。

4. 防止室内过量的直射阳光和昼光进入室内,要综合采用窗户玻璃、室外遮阳设备、室内遮阳设备等手段。通常来说自然光的强度超过人工光的 2.5 倍就属于过量了。

5. 在做人工照明设计时,考虑设计自动照明控制系统以实现最大的节能目标。最好的方法是将灯光调暗,而不是简单关闭。现代的荧光灯和 LED 灯具都可以实现这类照明控制。

第4章 光源

世界上有上千种光源可供选择,每次打开厂家的产品样册或网页的时候都让人眼花缭乱。本章就光源为大家进行整体介绍,以便大家了解常见光源的主要应用、优缺点,以及常见的形状。

光源的命名

光源有多种形状和尺寸,除了 LED 以外的所有光源都是按照尺寸和外形进行命名的,并遵循简单的命名法则:
- 用字母来描述其形状。
- 用数字来表示其尺寸。

比如说,标准的家用白炽灯泡通常被称为 A-19 光源。其中"A"表示"arbitrary",意思是最常见的形状,后面的"19"表示其最宽处的直径为 0.32 cm(1/8 英寸)的 19 倍,也就是 6.08 cm。图 4.1 给出了常见的光源形状和名称。

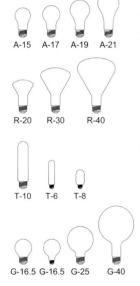

图4.1 常见光源形状和名称

白炽灯光源

工作原理

白炽灯的发光原理是让电流加热灯泡里的钨丝,直到温度上升到发光温度(图 4.2)。这种高温会导致灯丝缓慢地升华,最终灯丝断裂,灯泡熄灭。温度越高、灯丝越细,发出的光就越白,但是金属升华得就越快。比较暗的灯泡发出黄橙色的光(2 200 K),寿命相对较长;而发出冷白色(5 000 K)灯光的灯泡可能只有几秒钟的寿命。此外,升华后的钨丝会导致泡壳发黑,让灯泡越来越暗。

图4.2　白炽灯结构图
（图片来源：美国能效及可再生能源办公室）

表4.1　白炽灯基本信息

基本信息	显色指数	色温	光效	寿命
数值范围	100	2 700 K	5 ~ 18 lm/W	750 ~ 1 500 h

光品质

　　标准的白炽灯产生暖白色光（2 700 K），寿命为 750~1 500 h（表 4.1）。虽然光色偏暖，但显色指数却有 100，因为这两个特性，所以白炽灯被认为非常适合家居照明。新涌现的高效光源都在努力模拟白炽灯的光品质。

　　白炽灯背后的技术原理在过去 100 年里几乎没有变化，由于技术简单，因此光源的品质惊人地稳定。

　　白炽灯调光也很简单，只要降低其电压或功率即可，调暗会产生更暖的色温。调光可以延长光源寿命，因为灯丝的温度降低了。

　　白炽灯几乎可以应用在任何地方。它们可以瞬间被点亮，关闭和重启也几乎不需要时间。灯泡泡壳的温度很高，不能触碰。UL 认证机构要求高温光源必须附加保护措施，防止无意触碰。

　　除了寿命短，白炽灯的最大缺点就是光效。标准白炽灯光效只有 5~18 lm/W。现在更高效的光源层出不穷，白炽灯的使用迅速衰落。

　　没有一种光源能像白炽灯这样从 0.5 W 到 10 000 W 都覆盖。

白炽灯种类

　　白炽灯有几千种形状、尺寸和功率。其外形主要是球泡形，但也有特殊型号。比如，R 型灯泡表示自带反射器，T 型灯泡为长管形，以便隐藏安装。普遍应用的型号如下所述。

- A 型，普遍应用的形状，参见图 4.3。从 15 W 的 A-15 灯泡到 250 W 的 A-23 灯泡都有。最常见的是 60 W、75 W 和 100 W 的 A-19 灯泡。
- R 型、ER 型和 BR 型。这类光源内置反射涂层，能让出光朝向一个方向（图 4.4）。常见尺寸型号有 R-20、R-30 和 R-40。
- T 型灯泡，是长管型灯泡（图 4.5）。由于直径小，75 W 的 T-10 灯泡经常用于壁灯中。

图4.3 标准A型灯泡
（图片来源：通用电气公司）

图4.4 反射型灯泡
（图片来源：通用电气公司）

图4.5 长管型灯泡
（图片来源：通用电气公司）

- G 型灯泡，呈球形。这类灯泡主要作为装饰灯具用于浴室、餐厅等（图 4.6）。常见尺寸型号有 G-16、G-25、G-30 和 G-40，功率为 25~150 W。
- PAR 型光源，指的是带抛物线形镀铝反射器（PAR）的灯泡。这类光源比 R 型更贵，因为其光束控制得更好（图 4.7）。绝大多数 PAR 光源都是卤钨灯，不过高功率的 PAR-38、PAR-56 和 PAR-64 白炽灯仍经常被应用在特殊场合。

图4.6 G型灯泡
（图片来源：通用电气公司）

图4.7 PAR型光源
（图片来源：通用电气公司）

卤钨灯光源

卤钨灯（常称为"卤素灯"）是白炽光源中的一种。

工作原理

卤钨灯基本结构和工作原理与普通白炽灯是一样的,唯一区别是卤钨灯的球泡中充有一定量的卤素气体,可以减缓钨丝的升华。这样灯丝可以做得更细,提供更白更亮的灯光,而寿命也更长。最新产品还在泡壳上涂制特殊涂层,将红外辐射留在泡壳内,帮助加热灯丝,提高光源的整体效率。这类光源称为 HIR/IR(infrared reflecting,红外反射)光源。

光品质

标准的卤素光源色温大约为 3 000 K,相比普通白炽灯色温要高一些,因此光色显得更白更清爽。它们仍然属于白炽灯大类,因此显色指数能达到 95~100。卤素灯的寿命通常能达到 3 000~5 000 h(表 4.2)。如果再牺牲一点光输出,长寿型卤素灯的寿命可以达到 18 000 h。

表4.2　卤素光源基本信息

基本信息	显色指数	色温	光效	寿命
数值范围	95~100	3 000 K	20 ~ 35 lm/W	3 000 ~ 5 000 h

卤素灯泡的光效比标准白炽灯要高,达到 20~35 lm/W,其中 HIR/IR 型号还会更高。由于效率更高、寿命更长并且能发出更白的光,这让卤素灯在很多商业应用中大受欢迎。

有些卤素灯采用石英材质的泡壳,工作时的温度非常高。表面温度可以超过260 ℃,非常危险。UL 标准要求卤素灯泡必须外加玻璃壳或者金属网,防止直接触碰。

很多卤素灯的应用就是为了直接替代传统白炽灯,因此采用了相似的外形和底座。这些卤素灯可以直接安装到白炽灯底座中,用同样的调光器进行调光。有很多卤素灯泡是低压型号,尺寸比普通光源小很多,这在展示照明领域是很大的优势。低压卤素灯在展陈照明、商场、博物馆、家庭等应用中大受欢迎。

低压卤素灯需要搭配变压器使用。变压器种类很多,体积小巧的电子变压器可以放进接线盒里或是直接整合到灯具内部,也有体积非常大的电磁变压器,能够带动整个电路。内置变压器的灯具最易于安装,可以直接接入市电电压。低压卤素灯还需要特制的调光器,并且调光器必须和变压器匹配。

卤素灯种类

常见的普通电压卤素灯包括以下几种:

- A 型、BT 型、MB 型和 TB 型,这几种只在形状上小有差别,都是为了替代传统的标准 A 型白炽灯泡。通常有厚重的玻璃外壳来保护里面的卤素灯泡(图 4.8)。
- PAR 型光源,和白炽 PAR 光源采用一样的外封装,只是里面装的是一颗胶囊大小的卤素灯光源。现在市面上几乎所有的 PAR 灯都是在大光源里面藏了一个小型卤素光源。各种各样的反射器,以及各种功率和光束角组合成了庞大的 PAR 灯家族,常见尺寸型号包括 PAR-16、PAR-20、PAR-30 和 PAR-38,有些光源还采用了 IR/HIR 技术。光源功率范围为 45~250 W,随着光源尺寸变化而变化。

- 双端 T 型光源,通常用在泛光灯和探照灯中,这类光源功率为 100~1 500 W,包括某些 IR/HIR 产品(图 4.9)。
- 单端 T 型光源,这类光源是螺纹底座或者卡扣式底座,通常用在特殊的建筑和剧场照明设备中(图 4.10)。

常见的低压卤素光源包括:

- MR11 和 MR16 光源,例如投影仪中的光源,采用多面镜式反射器(图 4.11),体积很小。由于体积小巧,可选的功率和光束角众多,因此 MR 系列光源应用范围很广。
- 紧凑型 T-3 和 T-4 光源,这些小巧的卤素光源适用于装饰性的台灯和其他新型灯具(图 4.12)。

图4.8　BT型光源
(图片来源:通用电气公司)

图4.9　双端T型光源
(图片来源:通用电气公司)

图4.10　单端T型光源
(图片来源:通用电气公司)

图4.11　MR16光源
(图片来源:通用电气公司)

图4.12　紧凑T型光源
(图片来源:通用电气公司)

电气师笔记

像 PAR 灯和 MR 光源这类方向性光源有很多种光束角可供选择(光束角指的是发光强度只有一半时的光束所形成的夹角)。这样设计师就可以在一个空间中选用外形相似的灯具,却有不同的出光效果,可以用窄角度光源提供重点照明,用宽光束光源提供一般照明。注意由于光源的外形十分相似,因此在安装时一定要看清侧面的标识,避免装错。以下是常见的光束角缩写:

VNSP = 超窄光束(3° ~9°)

SP = 聚光(10° ~15°)

NFL = 窄泛光(20° ~25°)

FL = 泛光(30° ~40°)

WFL = 宽泛光(50° ~65°)

设计及安装时要特别留意不要弄错。

荧光灯光源

荧光灯自 20 世纪 30 年代问世以来,迅速成为主力的建筑照明光源。

工作原理

荧光灯光源(图 4.13)主要利用的是荧光现象,某些矿物质会在受到紫外辐射后发出荧光。在光源内部充有气体,其中包含少量的汞蒸气。

通电后电流"激发"光源内部的气体,发出紫外辐射,后者被光源外壳上涂的荧光粉吸收,从而发出可见光。

荧光灯正常工作需要搭配镇流器,镇流器是帮助荧光灯启动和稳定其内部电流的电气元件,有些镇流器最多可以带四个光源。镇流器有两种:电感镇流器和电子镇流器。电子镇流器可以大幅减少荧光灯的频闪,并且相比电感镇流器更为节能,也更安静。

光品质

荧光灯的泡壳内侧涂制了一层荧光粉,不同的荧光粉可以发出不同颜色的可见光。因此,无论是荧光灯的色温还是其显色性都能够通过荧光粉的选择控制。

传统荧光粉基本上会发出不同色温的白光。现代的荧光灯采用稀土荧光粉,可以产生红、绿、蓝三基色,经过组合后形成白光。

传统荧光粉光源很廉价,主要应用在家居和工业项目中。由于其光品质较差,正在逐渐被市场淘汰。传统荧光粉的主要问题是光色很差,例如冷白色光总会有一点泛绿。绝大多数传统荧光粉都是用它们的光色来命名,比如暖白、冷白以及日光色。

现代的稀土荧光粉光源是用色温和显色指数的组合来命名的。比如,色温

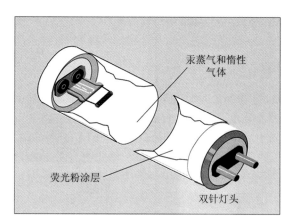

图4.13　荧光灯结构图
（图片来源：美国能效及可再生能源办公室）

3 500 K 并且 CRI 为 80~90 的光源叫作颜色 835。在用荧光灯做照明设计时，选择正确的色温和 CRI 是关键一步。

荧光灯之所以这么流行主要是因为它们是当前光效最高的光源之一。T-5 光源可以超过 100 lm/W，而紧凑型荧光灯通常光效为 45~75 lm/W（表 4.3）。

表4.3　荧光灯基本信息

基本信息	显色指数	色温	光效	寿命
数值范围	75、85 或 95	2 700 K、3 000 K、3 500 K、4 100 K、5 000 K、6 500 K	全尺寸为 70~100 lm/W 紧凑型为 45~75 lm/W	全尺寸为 20 000~40 000 h 紧凑型为 9 000~15 000 h

电气师笔记

有很多种电子镇流器可供选择，具体视应用场合而定。以下是常见的镇流器类型及其应用：

1. 光源启动镇流器

- 瞬间启动型。可以在光源两端施加高压从而不需要预热就直接启动。这是能效最高的镇流器，但是建议灯具被打开后至少点亮 3 h，不要马上关闭。
- 可编程快速启动型。这种镇流器在灯具熄灭时提供一定的预热电流，启动时提供高压。用户可能会感到开灯时有 1 秒左右的延时。这种方法能够延长光源的寿命，特别适用于灯具频繁开关的情况。

2. 控制型镇流器

- 双挡镇流器。能让灯光具备两到三挡水平，不需要额外电路。
- 调光镇流器。让荧光灯可以调暗到 10%、5%甚至 1%，具体调光由设计师根据项目需求确定。
- 数字电子镇流器，或者叫"智能"镇流器。在调光镇流器内部加上芯片，可以实现对灯具状态、能耗以及维护情况的实时监控。这类镇流器还可以接入整体的照明控制系统。

对荧光灯进行调光是可行的,但是需要采用电子调光镇流器。大多数电子调光镇流器需要特殊的调光器,调光范围通常在 10%~100%,最好的镇流器可以调暗到 1%。荧光灯的光色在调暗时会有微小的变化,在低输出时有一点发紫。

荧光灯对温度很敏感,环境温度过高或者过低时都会导致光输出达不到最高值。此外,当温度过低时光源可能都无法启动。光源的最低启动温度取决于镇流器,一般镇流器上都会标注其最低启动温度,这可以帮助设计师进行选择。绝大多数荧光灯管在工作时会发热,但温度并不太高,可以直接用手触摸。

荧光灯种类

荧光灯有上百种类型,但基本形态主要有三种:直管、弯管和弧形管。

全尺寸及 U 型灯管

大多数直型灯管,即使只有 30.48 cm 长,也被叫作"全尺寸"灯管(图 4.14),常见的种类有:

- T-8 标准灯管。这是从 20 世纪 90 年代起大规模使用的一般照明标准光源,标准的 T-8 灯管长度有 611 mm、914 mm、1 219 mm、1 524 mm、2 438 mm,而 U 型灯管长度有 305 mm、457 mm、611 mm。T-8 灯管是一种能效、光色和寿命都很平衡的光源。
- T-5 标准灯管和高光通灯管。常见长度有 611 mm、914 mm、1 219 mm、1 524 mm。T-5 灯管是目前能效最高、光色最好的光源之一。由于其尺寸较小,广受厂商和设计师的喜爱。
- T-12 标准灯管,这属于一般照明的"老标准"光源,流行于 1950 年以前。标准 T-12 灯管长度有 611 mm、914 mm、1 219 mm,还有 611 mm 的 U 型灯管。现在各国已经禁止生产 T-12 灯管及其镇流器。

图4.14 典型的全尺寸荧光灯管的灯头部分
(图片来源:通用电气公司)

紧凑型荧光灯

选择何种紧凑型荧光灯(CFL)取决于应用场景,所有的 CFL 都要求搭配镇流器使用。镇流器可以和光源放在一起,也可以远程放置,但必须和灯具连接在一起。

CFL 主要有三种类型：

1. 螺口式。这类光源是设计来直接替代白炽灯的,因此这个类型的灯具可以兼容白炽灯灯座(图 4.15)。螺口式 CFL 外形通常比较大,因为镇流器布置在里面。螺口式 CFL 调光性能较差,并且各个厂家之间的 CRI 和色温差异很大。在替换白炽灯时一定要看清楚,保证新的 CFL 与原有灯具能够兼容。另外要记住 CFL 的光效是白炽灯的四倍,要选择合适的功率避免过亮。通常来说,螺口式光源只限于家居照明和可移动式商业照明使用。

2. GU-24 底座。这种底座让 CFL 光源可以直接接入市电使用,不用变压(图 4.16)。这种光源外形上和螺口式类似,但无法替代白炽灯,因此适合应用于能效高的灯具。

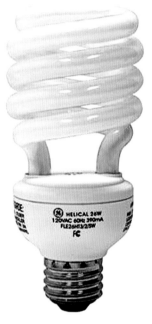

图4.15　螺口式紧凑型荧光灯
（图片来源：通用电气公司）

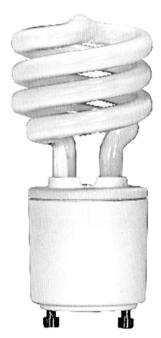

图4.16　GU-24底座紧凑型荧光灯
（图片来源：通用电气公司）

3. 针脚式,这种底座专为内置镇流器的灯具而设计。针脚式光源采用分离式镇流器,因此体积可以做得更小,同时也可以采用更优质的镇流器,包括调光镇流器。针脚式 CFL 的 CRI 和色温要比前两种更为优秀,高品质环境应用更为广泛。

在针脚式光源这个分类中,还有以下几种常用的细分种类：

- 标准双管。双管 CFL 是最早广泛使用的(图 4.17),标准功率有 5 W、7 W、9 W 和 13 W。双管光源通常安装在空间比较小的灯具中,例如壁灯。
- 标准双联双管。这种光源把两组双管光源组合在一起,装在一个灯座上(图 4.18),标准功率有 9 W、13 W、18 W 和 26 W。
- 标准三联双管。三联双灯管,又叫"六灯管",把三组双管光源组合在一个灯座上(图 4.19)。标准功率有 13 W、18 W、26 W、32 W 和 42 W。
- 高输出四联双管。这种光源采用四组双管光源,可以产生非常高的光通量,可以与某些高强度气体放电光源相比拟(图 4.20)。标准功率有 57 W

和 70 W。

- 加长双管。功率为 18 ~ 55 W。最流行的功率型号是 40 W、50 W 和 55 W，长度为 571 mm，光通量和 1 219 mm 长的直管差不多，但体积小得多（图 4.21）。

图4.17　双管CFL
（图片来源：通用电气公司）

图4.18　双联双管CFL
（图片来源：通用电气公司）

图4.19　三联双管CFL
（图片来源：通用电气公司）

图4.20　四联双管CFL
（图片来源：通用电气公司）

图4.21　加长双管CFL
（图片来源：通用电气公司）

荧光灯的节能效果很好，光色优质，并且易于调光，是非常优质的现代光源。自 1980 年以来的技术进步使其越来越流行。对设计师的挑战依然是根据用户需求选择最佳的光源。

高强度气体放电光源

高强度气体放电（HID）光源的设计目的是创造一种体积小、寿命长、能效高同时发光多的光源。HID 光源最常应用于道路和停车场照明，还适合体育场和工厂车间这样的大空间照明。

工作原理

HID 光源的发光原理是让电流通过灯泡内充有特定金属的蒸气，电流导致气体放电从而发出弧光，整个过程是在一个可承受高温高压的小管里进行的，该小管叫作"电弧管"（图 4.22）。HID 发出什么样的光取决于里面充有什么样的金属的蒸气，几乎所有的现代光源都采用多种金属的蒸气组合，以便发出"最白"的灯光。

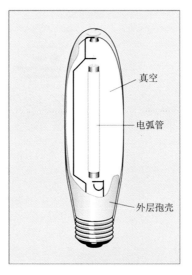

真空

电弧管

外层孢壳

图4.22　高强度气体放电光源结构
（图片来源：美国能效及可再生能源办
公室）

光品质

和荧光灯一样，HID 光源需要搭配镇流器使用。过去电感镇流器很流行，现在电子镇流器越来越受欢迎。镇流器很大很笨重，还有噪声，为解决此问题，有些镇流器可以和灯具分体远程安装。到目前为止，对 HID 光源进行调光还不可能。

HID 光源表面温度很高，必须防止直接触碰。此外，有些金卤光源必须完全封闭，因为有小概率会爆炸。

HID 光源的启动温度和工作温度范围很大，既适用于室内也适用于室外。因为电弧管里的金属化合物会受到重力影响，所以 HID 光源的安装姿态非常重要。

HID 光源启动就像发动汽车一样。先要用脉冲电压进行启动，这个过程叫作"击穿电弧"。然后 HID 光源进入预热阶段，会在几分钟内逐渐变亮，直到达到最大亮度。在此过程中，会出现一定的光色漂移，因为不同的金属化合物的蒸发时间不一样。通常需要 2～5 min 才能达到最大光输出和真实的光色。

光源启动后，电弧管内的温度和气压会急剧上升。这时候如果切断电源，那么 HID 光源必须先要冷却下来才能再次启动。这个冷却过程叫作"再击穿时间"。

某些 HID 光源需要 10 min 才能再启动和击穿。

HID 光源种类

HID 光源总共有三大类。

钠灯

钠灯主要有两种：高压钠灯（HPS）和低压钠灯（LPS）。金属钠发出的光主要是黄色的。HPS 光源发出的是一种金色偏粉色的灯光，LPS 发出的是单色的黄色光，会导致环境里的色彩都看不清。

虽然 HPS 的光效非常高，但是它色彩上的缺陷使其应用局限于路灯、停车场以及仓库、安全照明灯等对光色要求不高的场所。LPS 的光效甚至更高，但光色更差，因此几乎只在安全照明中使用。

汞蒸气灯

汞蒸气灯（简称汞灯）是种比较老的光源，现在在路灯和安全照明中比较常用。相比于其他 HID 光源，汞灯的光效较低，而且光色很差，现在几乎已经不再使用了。

金属卤化物光源

在所有 HID 光源中，只有金属卤化物光源（简称金卤灯）有优秀的光品质。金卤灯有的体积很小，可以装到轨道射灯里；有的体积很大，可以用在体育场照明。从某种程度上来说，金卤灯的色温和 CRI 都是可定制的，和荧光灯类似。

标准的金卤灯色温在 3 700 ~ 4 100 K 之间，显得较冷，微微发绿。它的 CRI 通常在 65 ~ 70 之间。标准金卤灯通常用在对光色要求很高的环境，比如体育场、停车场、景观照明以及建筑泛光。

金卤灯中比较优秀的是陶瓷金卤灯，因为其电弧管用的是陶瓷而不是玻璃，结果是其显色性更好（80 ~ 95），有冷暖两种色温可选。陶瓷金卤灯可以用于室内照明，比如筒灯、展示灯以及洗墙灯，也可以用于室外照明。陶瓷金卤灯的暖色灯光和卤钨灯非常相似，而光效高得多。陶瓷金卤灯光源寿命为 9 000 ~ 20 000 h（表 4.4）。如果不要求调光，陶瓷金卤灯是卤钨灯的优良替代品。

表4.4　陶瓷金卤灯基本信息

基本信息	显色指数	色温	光效	寿命
数值范围	80 ~ 95	3 000 ~ 4 000 K	65 ~ 115 lm/W	9 000 ~ 20 000 h

常见的陶瓷金卤灯种类包括以下几种。

- PAR 灯，和卤钨灯类似，金卤光源的 PAR 灯在灯泡内部装有一个小型金卤电弧管（图 4.23）。尺寸型号包括 PAR-20、PAR-30 和 PAR-38，功率范围是 20 ~ 150 W。金卤 PAR 灯也有很多光束角可供选择。虽然灯头都是一样的，但是不同功率的光源需要不同的镇流器，因此在替换时要格外注意。
- MR16 光源，和低光效的卤素 MR16 光源是竞争关系，目前在零售和其他重点照明领域受到欢迎，唯一缺点是无法调光（图 4.24）。目前有 20 W 和 39 W 两种功率可供选择，光束角的选择也很多。

- 单端 T 型光源,这种紧凑型的光源主要应用在筒灯和轨道射灯中(图4.25)。这种光源朝所有方向发光,因此灯具必须有反射器来控制光束。

图4.23　金卤PAR光源
(图片来源:通用电气公司)

图4.24　金卤MR16光源
(图片来源:通用电气公司)

图4.25　单端T型金卤光源
(图片来源:通用电气公司)

发光二极管光源

发光二极管(LED)是最新发明的光源,并且有可能是最激动人心的一种。现在 LED 已经成为几乎所有应用中的标准光源。不过 LED 照明技术仍在不断发展中,因此相关标准和文献可能会有些滞后和矛盾。

工作原理

LED 在本质上是和其他所有光源不同的光源,它不需要灯丝,也不需要玻璃外壳。LED 是一种可以发出可见光的半导体元件(图 4.26、图 4.27),是电子设备中很常见的基本电子元件。事实上,以前电视机、收音机和电脑上那些彩色的指示灯都是 LED。由于和之前的光源如此不同,因此 LED 几乎不被叫作光源。

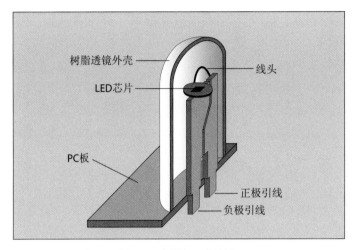

图4.26　早期LED指示灯

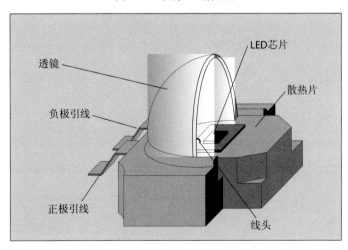

图4.27　照明型LED灯

基本的 LED 都是单彩色的,除了白光,其他各种颜色都有。虽然彩色灯光有很强的戏剧和装饰效果,但是一般照明必须用白光。如图 4.28 所示,总共有三种方式利用单彩色 LED 来发出白光。由于最早发明出来的 LED 发出的光有红光、绿光和蓝光(RGB),可以将它们混合在一起获得白光,这和电脑显示器以及彩色电视机的原理是一样的。除了能发出白光,通过改变 RGB 三色的不同强度,几乎可以混合出任何一种颜色。这种方法虽然可以混合出白光,但色温和 CRI 都很差,并且不同厂商生产的 LED 之间的色光也不一致。

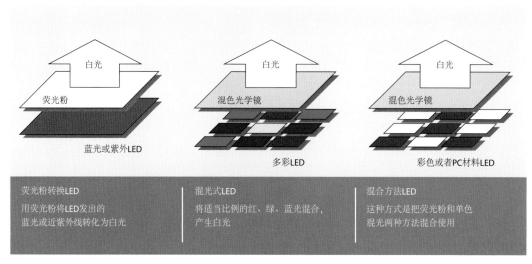

图4.28　产生白光的三种方式
（图片来源：美国能源部）

　　获得白光的第二种方法就是制造一个"白色"的 LED,具体做法是在一个蓝光 LED 的透镜上涂抹荧光粉,改变其光色,原理和荧光灯类似。这种做法更为有效,并且具备选择色温的能力。由于基底 LED 是蓝光光源,因此暖色光需要使用更多的荧光粉进行转换,光效就更低。这种方法适用于单个 LED,很多厂商也把这种方法应用到多个 LED 灯具的设计中。他们把很多蓝光 LED 集束在一起,然后通过选择荧光粉来调出想要的色温。

　　获得白光的第三种方法是把前两种手段结合在一起。将单彩色 LED 和荧光粉 LED 组合在一起,制造出色温范围更宽的白光,并且光色可调。比如说,当标准白光 LED 调暗时,其色温不会变化。如果一个灯具里采用了多种 LED 的混合,那么调暗时白光就会变暖,和白炽灯效果类似。这是因为其中白光 LED 的强度下降,而琥珀色变强,制造出类似烛光的效果。

　　除了可以模拟白炽灯的光色和光品质,将荧光粉白光 LED 和单彩色 LED 混合的做法给设计师提供了更多可能性。结合控制设施,使调节空间里灯光的强度和色温成为可能。这种做法能大大改善视觉体验,具体例子如下:

- 酒店多功能厅。冷白光适合用在白天举行的讲座和研讨会,而晚上社交活动更适合使用暖色灯光。
- 商业展陈。对白光的色温进行调节以更好地凸显展品的色彩。
- 办公室和教室。室内照明可以模拟一天中自然光的变化,这在缺少窗户的空间中尤为有效,也能够帮助人体维持昼夜节律。

　　虽然现在 LED 技术还不能满足所有环境照明需求,但已经展现出很大的潜力。

分拣

　　由于 LED 的特点,同批生产出来的 LED 在色温、光输出以及电压方面会有微小的差异。这时候厂商就要根据产品外观来进行分拣,以此尽量缩小出厂产品之间的差异,让灯具制造商可以选购性能相同的 LED。

色温对于设计师来说是最重要的分拣要素。分拣标准通常定义为距离黑体曲线的距离,分拣差异越小,说明 LED 之间的差异越小。根据厂家的误差,LED产品之间的色容差在麦克亚当椭圆中可能有 1 步~4 步。要记住,步数越少,LED之间的一致性越好。

光品质

除了发白光的原理不同,LED 还有很多方面和传统光源有区别。首先,LED天然发出的是单向光,因此光效更高。而对 LED 厂家来说最大的挑战之一,就是制造出可以替代传统 A 型白炽灯的 LED 光源。其次,LED 不会辐射热量,但又必须采取措施把芯片产生的热量散出去,否则会影响其寿命。这在高光通 LED 中越来越重要。如果 LED 灯具设计得当,其表面温度不会很高,可以触摸。

单个的 LED 发出的光很少,这是因为它们颗粒非常小。2016 年,标准的 1 WLED 已经能发出 150 lm 的光。虽然其光效非常高,但单颗的光通量还是很少,相比而言,标准 60 W 的白炽灯泡的光通量是 900 lm,所以 LED 必须组合起来才能制造有效照明的灯具。

LED 技术发展非常迅速,因为其节能潜力巨大,并且不需要很多维护。相比传统的白炽灯,LED 照明可以降低 50%~80%的能耗。此外 LED 的寿命通常高达 50 000 h,比白炽灯的寿命 750 h 长得多(表 4.5)。

表4.5　LED 基本信息

基本信息	显色指数	色温	光效	寿命
数值范围	80~100	1 800~6 500 K	替代光源:65~115 lm/W 专用 LED:80~150 lm/W	替代光源:25 000~50 000 h 专用 LED:50 000~120 000 h

单个的 LED 颗粒都是低压的,并且需要采用直流供电,这种特殊的电源称为驱动电路。就像荧光灯需要镇流器,LED 也必须配上驱动电路才能工作。驱动电路可以集成在光源中,可以装在灯具中,也可以和灯具分体设置。

LED 可以调光,但是需要驱动电路和调光器相配合。实际使用之前,必须对调光器进行测试,以确保和 LED 灯具兼容,可以流畅地连续调光,不会出现频闪。

LED 有潜力成为完美光源:它们效率很高,可以瞬间启动,支持调光并且寿命很长。LED 的光品质已经非常优秀并且在不断进步。在选择 LED 时,不光要看技术文件,还一定要查看实际的产品。

LED 光源种类

对于 LED 的发展目前有两个流派。第一个流派认为应该用 LED 来替代所有的传统光源,因此这类人的研发方向是制造出和传统光源外形类似的 LED 光源,可以直接安装到现有的灯具中。

第二个流派认为 LED 的结构完全不同于传统光源,因此应该针对其特殊结构专门设计新型灯具。这个流派更能发挥 LED 的优势,LED 的光效和寿命都更高。另外,由于 LED 体积很小,让灯具设计有了很多新的发挥空间。目前主要问题就是现有的电气基础设施都是围绕传统光源设计建造的,因此当前还需要两种灯具并存。

现在已经有上百种 LED 光源来替代白炽灯、卤素灯以及荧光灯,常见的有以下几种:

- A 型光源。LED 灯泡已经可以替代绝大多数白炽灯泡(图 4.29)。值得注意的是光分布,白炽灯泡发出的光是 360° 的,而由于 LED 背后的散热结构,LED 灯泡的发光范围只有 230°。
- 灯丝装饰灯泡。这种灯泡能看到裸露的灯丝,是为了模仿早期爱迪生灯泡的复古风格,有很好的装饰性(图 4.30)。有很多尺寸可供选择,光效比传统光源高得多。

图4.29　LED的A型灯泡 图4.30　LED灯丝装饰灯泡
（图片来源：绿色创新公司） （图片来源：绿色创新公司）

- PAR 灯。PAR 灯的形状和尺寸很适合内置 LED,有利于散热,并且其反射器有利于控制光束。常见的型号是 PAR16、PAR20、PAR30 和 PAR38(图 4.31)。

电气师笔记

　　主流的 LED 驱动有两种:恒流和恒压。在恒压电路中,系统采用 8 ~ 12 V 的恒压电源,连接 LED 的方式都是并联。每个 LED 都有单独的驱动电路,因此整个系统中 LED 的数量可以随意改变。恒压电路相对成本高一些,但是安装灵活度很高。变色 LED 系统几乎都采用恒压驱动。

　　恒流电路是将 LED 串联起来,保证它们的总电压(通常单个电压为 2.5 ~ 3 V)符合电源驱动的输出电压。常见的系统设计采用一个 24 V 的电源驱动,串联 8 个 LED。恒流驱动的效率更高,调光也更为顺畅,但对于安装要求更高。

- MR16 光源。原理和 PAR 灯类似，MR16 具有控光效果好的优势。不过由于体积太小不利于散热，因此 LED 的 MR16 无法做成大功率的（图 4.32）。
- 针脚式 CFL 替代光源。传统的 CFL 光源是 360° 发光的，并且有很多针脚的配置。在选择替代的 LED 光源（图 4.33）时，要仔细核对针脚的位置和配光。
- LED 灯管。和 CFL 类似，选择 LED 替换灯管时要确保配置符合原灯具（图 4.34）。在第 6 章，我们会详细介绍集成 LED 的灯具。

表 4.6 列举了本章中介绍的光源的主要特性。

图4.31　LED的PAR灯
（图片来源：绿色创新公司）

图4.32　LED的MR16光源
（图片来源：绿色创新公司）

图4.33　LED的CFL替代光源
（图片来源：绿色创新公司）

图4.34　LED 灯管
（图片来源：绿色创新公司）

表4.6 光源选择标准

	光源种类	白炽灯	卤素灯	荧光灯	陶瓷金卤灯	LED
基本信息	常用场合	家居和历史建筑	家居、酒店、商业	商业、办公、工业	商业、零售、体育、工业	家居、酒店、商业、零售
	色温	2 700 K	3 000 K	可选:2 700 K、3 000 K、3 500 K、4 100 K、5 000 K、6 500 K	可选:3 000 K、4 000 K	可选:1 800 K、2 200 K、2 400 K、2 700 K、3 000 K、3 500 K、4 100 K、5 000 K、6 500 K
	显色指数	100	95~100	75~95	80~95	80~100
	色彩一致性	极佳	极佳	优秀	优秀	很差到极佳,视分拣而定
	色彩稳定性	极佳	极佳	优秀	很差到优秀	优秀到极佳
	可否调光	可以——简单	可以——低压灯具需要兼容的调光器	可以——镇流器要和调光器兼容	不支持	可以——驱动电路要和调光器兼容
	方向性	面发光	面发光和点发光	面发光和线型	面发光和点发光	面、点和线型
	初始投资	低	低	低到中档	中档到高档	中档到高档
	光效 (lm/W)	5~18	20~35	45~100	65~115	55~150(截至成书时)
物理环境	工作温度	非常高	非常高	较低	非常高	无辐射热量,只需要传导散热
	附属设备	无	低压灯具需要变压器	需要镇流器	需要镇流器	需要驱动电路和变压器
	环境温度	不受影响	不受影响	对低温敏感	不受影响	对高温敏感
维护	寿命(h)	750~1 500	3 000~5 000(长寿命光源可以高达18 000 h)	9 000~40 000	9 000~20 000	25 000~120 000
	流明维持率	优秀	极佳	优秀	优秀	极佳
	启动时间	瞬间	瞬间	瞬间启动,但需要缓慢达到最大强度	约5 min	瞬间
	运行成本	高	高	低到中档	中档	低

其他光源

以下介绍的光源没有前面五大类那么常见,但也在某些特殊应用中有其作用。

OLED

有机发光二极管(OLED)和 LED 完全不一样。它们是由片状的半导体有机材料组成(图 4.35)。换句话说,OLED 就是均匀发光的面光源。

图4.35 OLED的应用示例
(图片来源:通用电气公司)

已经有厂家开始根据 OLED 来设计灯具了,不过还处于早期阶段。实用的OLED 灯具还需要几年时间才能上市。如果应用能够成功,并且成本足够低,以后可以用 OLED 来做墙面、天花或是装饰板,以提供均匀柔和的灯光。

感应灯

感应灯,又叫无极灯,是荧光灯的一种,是利用无线电波而不是电弧激发灯管里的气体放电,发出紫外辐射。感应灯的特性和荧光灯相似,光效都是 70~80 lm/W,有多种光色可选,而且 CRI 很高。另外,由于感应灯没有电极,所以其寿命比传统荧光灯长 5~10 倍。感应灯如果每天点亮 12 h,可以维持 20 年。通常的应用包括路灯和难以维护地方的照明。

霓虹灯和冷阴极管

霓虹灯和冷阴极管是最早的气体放电光源,它们的发光原理和荧光灯很像,但目前应用只限于广告标牌和特殊应用。两种光源的寿命都为 20 000 ~ 40 000 h,能效都不错,并且可以实现调光,甚至可以频繁闪烁,不会影响寿命。

霓虹灯和冷阴极管可以做成任何形状,发出任何颜色的光。冷阴极管和霓虹灯很像,只是直径更大一些,通常用于建筑照明,而不是广告标牌。

在 LED 出现以后,霓虹灯已经变成了一种艺术形式,实际应用已经很少了。

有很多标准可以帮助设计师来比较 LED 产品, IESNA 制定了两套标准:LM-79-08 和 LM-80-08。

- LM-79-08,这套标准规定了厂家如何对 LED 灯具的性能、功率和颜色进行测试。
- LM-80-08,这套标准规定了各种 LED 光源流明维持率的测量方法,包括 LED 封装、阵列以及模组。LED 产品的额定寿命对于一般照明表示达到初始光通 70%的时间,对于装饰和重点照明表示达到初始光通 50%的时间。

美国能源部又颁布了 Lighting Facts®,这套标准让设计师可以根据固定的信息对 LED 灯具进行比较和评估(图 4.36)。

其中列出的数据包括:

- 光通量。
- 功率。
- 光效(lm/W)。
- 显色性。
- 色温。

电气师笔记

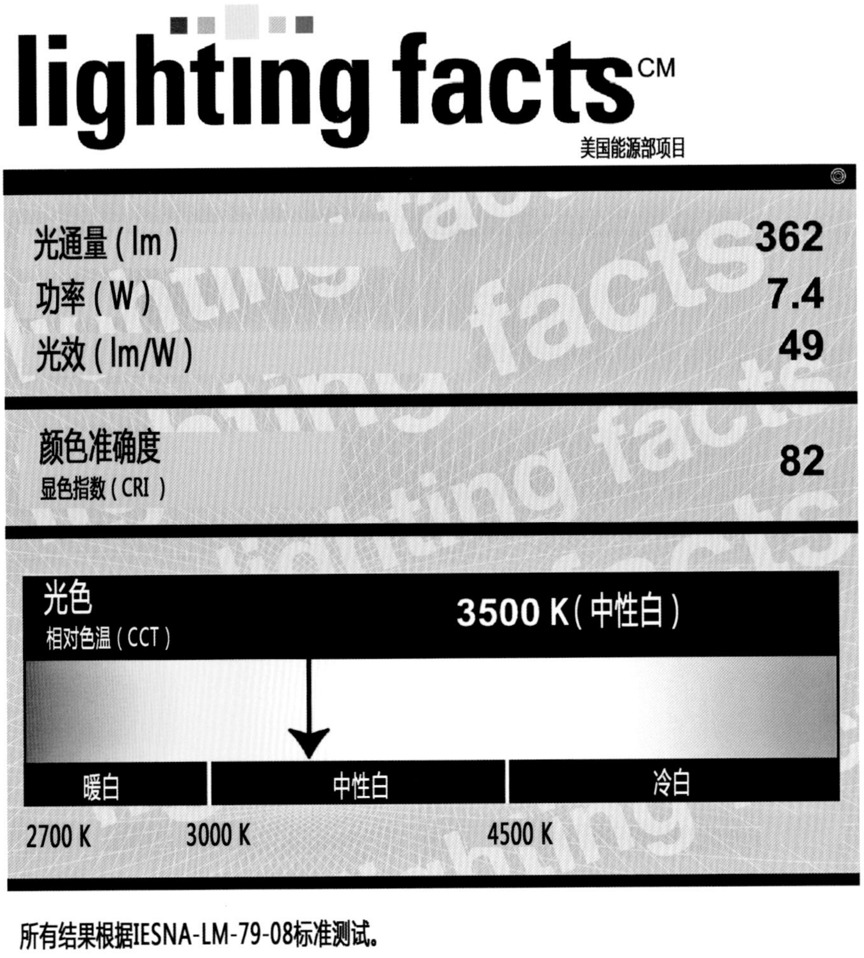

lighting facts^{CM}

美国能源部项目

光通量（lm）	**362**
功率（W）	**7.4**
光效（lm/W）	**49**

颜色准确度 显色指数（CRI）	**82**

光色
相对色温（CCT）　　　　　　　　**3500 K（中性白）**

暖白	中性白	冷白
2700 K　　3000 K		4500 K

所有结果根据IESNA-LM-79-08标准测试。

图4.36　Lighting Facts®示例

第 **5** 章 **灯具**

　　灯具指的是包含光源结构支撑部分和电气配件的照明设备。具体可分为固定灯具和可移动灯具,台灯属于可移动灯具。

　　灯具的选择直接关系到房间外观及其氛围,灯具的分类主要是按照出光方式来进行的:

- 直接灯具,这种灯具的光都是向下照射。具体包括绝大多数嵌入式灯具,如筒灯、灯盘,还有部分表面安装灯具。直接灯具效率相对较高,因为直接将光投射到任务区域。直接出光可能会造成天花以及上半部分墙面较暗,会因整个环境对比度太高而令人感觉不舒服。直接照明通常用在建筑大堂、行政办公室、餐厅等想要创造戏剧感的空间,使用者不会在这里长期停留。此外,绝大多数任务照明都包含直接照明。
- 间接灯具,这类灯具的光是向上的,然后通过天花反射照亮空间。具体包括多数吊灯、壁灯以及部分可移动灯具。间接灯具可以创造舒适柔和的低对比度照明,可使视觉空间变大。间接照明可以创造一种柔和的环境灯光,直接的任务照明可提供足够的照度,两者结合效果更佳。在人们长时间工作的地方间接照明更受欢迎,不过也有人觉得全用间接照明会显得平淡乏味。除了任务照明,还应当利用一些焦点照明、立面照明来制造兴奋点,帮助缓解完全均匀的间接照明造成的疲劳感。
- 直接加间接灯具,这种灯具同时发出上照光和下照光,不过没有侧向灯光。大部分吊灯和某些台灯、落地灯都属于这种。直接加间接灯具兼具了直接照明的高效和间接照明的舒适。间接照明部分创造舒服、均衡的灯光氛围,而直接照明提供足够的照度。

- 漫射灯具,即往四面八方均匀出光的灯具,包括绝大多数裸光源灯具、球灯、枝形吊灯、吊灯、某些台灯和落地灯。漫射灯具可以创造大范围的一般照明,但由于没有侧向遮光,经常会有眩光。大部分枝形吊灯和壁灯是漫射灯具,通常都用于装饰。如果使用得当,漫射灯具会在空间中制造闪光点,但必须有其他灯具共存。如果没有其他灯具,漫射灯具的灯光则会是平淡无趣的。
- 非对称灯具,通常应用在特殊部位。比如非对称上照灯,是在某个方向上有集中配光的间接灯具。洗墙灯就是一种非对称配光的直接灯具,用来照亮墙面。当需要对某个墙面或物体做重点照明时,可以考虑选用非对称灯具。
- 可调角度灯具,通常是可以调节投射角度的直接灯具,包括轨道灯、泛光灯和重点照明灯具。

本章所讨论的灯具无法涵盖所有类型,只对常见的几种做简要介绍。

嵌入式筒灯

嵌入式筒灯是一种直接灯具,通常是圆形或方形,它被嵌入安装在天花里。

电气师笔记

光度学是关于灯光测量的科学,我们对灯具各个角度发出的灯光的强度进行测量,数值汇总后就形成了光度学报告。每个灯具的灯光分布都是独一无二的,光度学报告就是灯具的"指纹"。

灯具配光曲线包括灯具光强分布的极坐标图,它用图形的方式帮助我们理解灯具的配光情况。

图 5.1~图 5.5 是几种常见灯具的配光图示例。

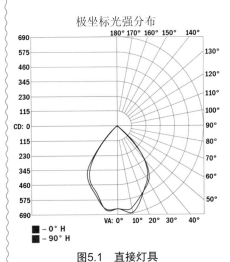

图5.1 直接灯具
(图片来源:Acuity Brands 照明公司)

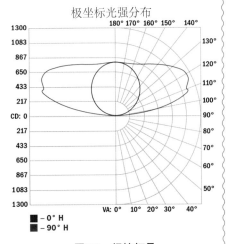

图5.2 间接灯具
(图片来源:Acuity Brands 照明公司)

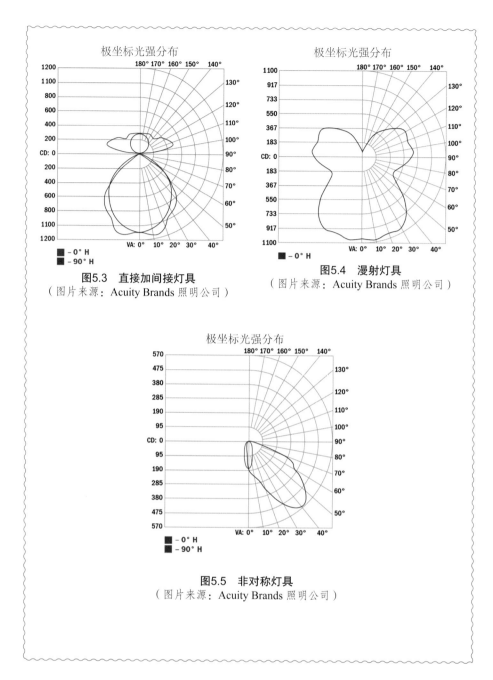

图5.3　直接加间接灯具
（图片来源：Acuity Brands 照明公司）

图5.4　漫射灯具
（图片来源：Acuity Brands 照明公司）

图5.5　非对称灯具
（图片来源：Acuity Brands 照明公司）

它们的主要作用是在大范围内提供一般照明,特别是大堂、走廊、商场等空间(图5.6)。

筒灯通常采用的光源是白炽灯、卤素灯、CFL、HID 或者 LED。筒灯一般包含两大部分:天花以上的外壳和嵌在天花上的外圈。整个构造必须符合安装条件。

以下是几种主要的分类[1]:

- 防热型(T)灯具,主要安装在天花较低的地方,没有隔热层。
- 隔热天花(IC)灯具,主要安装在会直接和天花隔热层接触的位置,通常安装在家居中,特别是上面有阁楼的天花。

---

[1] 译者注:所指灯具主要是美标筒灯

图5.6　典型嵌入式筒灯（美标）
（图片来源：Acuity Brands 照明公司）

- 防潮灯具,可以直接暴露在潮湿空气中,但不能直接碰水或淋雨,绝大多数筒灯都是防潮的。
- 潮湿位置灯具,可以直接碰水或淋雨,可以安装在某些极端的室外环境中。
- 淋浴间灯具,可以直接安装在淋浴间或水疗房里。
- 应急灯具,内部装有备用电池,以便断电时仍然能提供不少于 90 分钟的照明（一般来说只有 CFL 和 LED 可以满足此条件）。

　　绝大多数筒灯的面圈都是可以选择的,有些带遮光格栅,有些带反射器,有些可调角度,还有些带透镜。不同面圈可以大大改变出光效果。

　　嵌入式筒灯选定发光灯具后,该如何确定筒灯之间的间距呢?

　　如图 5.7 所示,筒灯之间的间距取决于采用何种光源。如果是白炽灯、CFL 和 LED 这样的面光源,那么就应当用 1.0 的间距系数。所谓间距系数是关于灯具之间多少距离还能保证工作面均匀照度的一个系数,灯具间距等于安装高度乘以间距系数。比如,宽光 LED 筒灯安装在 3 m 高的天花上,要照亮高度为 75 cm 的桌子,那么筒灯间距就应该是 2.25 m[（天花高度-桌子高度）× 间距系数=（3-0.75）×1.0 =2.25（m）]。注意这只是简单速算的方法,便于照明施工图布灯。

　　如果是卤素灯、金卤灯、窄光束 LED 等点光源,间距系数应该是 0.5。对于安装在 3.75 m 高的天花上的卤素筒灯来说,灯具间距应该是 1.5 m[（3.75-0.75）×0.5 = 3 × 0.5=1.5（m）]。

　　一般来说,面光源应当安装在 2.4~3 m 高的天花上,而点光源应该安装在 3 m 以上高度的天花上。面光源的发光范围更大,相互之间的间距可以更远;不过它们的投光距离不够远,因此不能装在太高的天花上。上面的计算方法只是推荐,灯具厂家会给出自己的间距系数,相对会更准确。这些只是帮助设计师进行初步设计,具体还要精确计算。对于照度计算请参阅第 7 章。

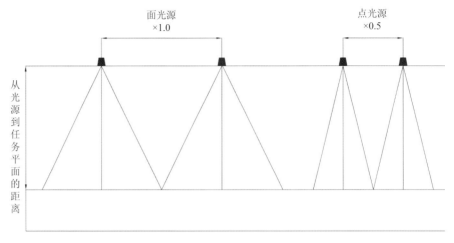

面光源
×1.0

点光源
×0.5

从光源到任务平面的距离

图5.7　典型筒灯间距

可调角度重点灯具

可调角度重点灯具可以聚光于艺术品、标识牌以及其他室内元素上。从这个目的出发，这类灯具都是采用点光源进行设计的，比如卤素灯、金卤灯或者LED。下面介绍几种可调角度重点灯具，具体选择结合建筑意图和设计美学来定。

轨道照明系统（图5.8～图5.10）只用一套电源给多种灯具供电，同时灯具可以在轨道上自由移动。

轨道射灯的可调节性很强，远远超过嵌入式灯具。轨道系统还能让不同类型的灯具装在一起。比如在一个餐馆中，可以用重点灯具照亮墙上的艺术品，旁边是照亮餐桌的吊灯，都可以装在一个轨道上。轨道仅仅给灯具供电，所以如果光源需要变压器或镇流器，必须集成到灯具本体上。轨道照明在零售、餐厅以及博物馆中非常流行，这些空间的特点是平面布局经常调整。

- 底座悬臂灯具。这种灯不像轨道灯那样可以灵活调整安装位置，但可以方便地调节透射角度。这种灯看起来就像是一个轨道射灯直接安装在一个底座上，固定在天花上。

图5.8　典型高压轨道
（图片来源：华格照明）

图5.9　典型轨道灯具
（图片来源：Acuity Brands 照明公司）

图5.10　典型低压轨道灯
（图片来源：TechLighting公司）

- 嵌入式重点照明灯具（图 5.11），外观和普通筒灯一样，但是内部光源的倾斜角可以调节，从而改变光束方向。通常竖向角度不超过 40°。

图5.11　典型嵌入式可调角度重点灯具
（图片来源：Acuity Brands 照明公司）

电气师笔记

灯具轨道既有高压型号(图5.8、图5.9),也有低压型号(图5.10),后者通常是12 V。

高压轨道是在一端供电,可以承载20 A的电路电流。很多高压轨道可以支持两个以上的回路,这样一根轨道上可以安装多套灯具。由于这种灵活性,节能规范里面对于轨道的要求和单套灯具不一样:

- 美国采暖、制冷与空调工程师学会标准ASHRAE Standard 90.1强制规定,轨道的负载按照最低每0.3 m长度30 W来计算。
- 美国加州相关规范规定,轨道的负载按照最低每0.3 m长度45 W来计算。

大部分情况下这些强制规定超过了实际的设计需求,所以厂家会在轨道上附加限流器,以限制轨道上能承载的最大功率。

低压轨道需要搭配一个分体式的变压器。通常低压轨道每段的功率都限制为300 W。节能规范要求,即使灯具没有装满,设计图上也必须按照最大功率来标注。很多低压轨道可以弯曲,形成圆形或弧形(图5.10)。

可调角度重点照明灯具间距计算方法如下:

如果可调角度重点灯具装设目的是照亮艺术品或标牌,那么它们的安装高度通常都在人眼高度,也就是1.6 m左右,灯具定位时要注意不能被观众遮挡造成阴影,也要避免在高光表面形成反射眩光。图5.12显示30°的倾斜角是最佳位置。

为了在平面中准确定位灯具,有必要先看下墙面的剖面图。用30°角斜线和灯具高度线的交点,表示灯具离墙的距离(图5.12)。如果艺术品或标牌比较大,

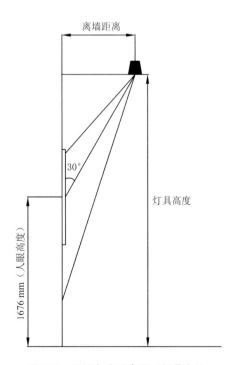

图5.12 可调角度重点照明灯具定位

可能需要不止一套灯具。通常来说,灯具之间的横向间距应该和到墙的距离匹配。间距最终还是要根据光源类型来定,这里只做简单讨论,详细分析请参见第 7 章。

洗墙灯

洗墙灯指的是把墙面均匀照亮的非对称灯具,洗墙灯各种光源都有,光照范围和具体形状取决于所使用的光源。通常来说,洗墙灯不应当用来照亮表面肌理很复杂的墙面,因为这样会把材质照得很平。洗墙灯有以下几种类型。

- 筒灯洗墙灯,本质上就是种筒灯,只是附加了特殊的反射镜把灯光反射到墙面上(图 5.13)。这种洗墙灯只选用环境光源,例如白炽灯、CFL 以及部分 LED。
- 嵌入式透镜洗墙灯,这也是种筒灯,采用倾斜的透镜来调整光束角(图 5.14),这种灯具通常采用卤素灯、金卤灯和大部分 LED。
- 表面安装以及半嵌入式透镜洗墙灯,这种灯具采用复杂的反射镜系统把灯光投射到临近墙面(图 5.15)。一般这种类型的洗墙灯效果最好,不过会破坏建筑整体性。这种类型的洗墙灯也能够安装到轨道上。这类灯具通常采用线型光源,包括卤素灯、CFL、标准荧光灯、金卤灯以及 LED。
- 线型洗墙灯,在剖面上尺寸很小(通常为 50~100 mm),内部装的是荧光灯或者 LED 光源(图 5.16)。这种灯具可以在天花上连续安装,形成和墙面平行的一条线,搭配建筑整体效果最为和谐。

图5.13 典型嵌入式筒灯洗墙灯
(图片来源:Acuity Brands 照明公司)

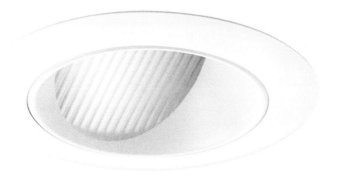

图5.14 典型嵌入式透镜洗墙灯
(图片来源:Acuity Brands 照明公司)

图5.15　典型半嵌入式透境洗墙灯
（图片来源：Acuity Brands 照明公司）

图5.16　典型嵌入式线型洗墙灯
（图片来源：Acuity Brands 照明公司）

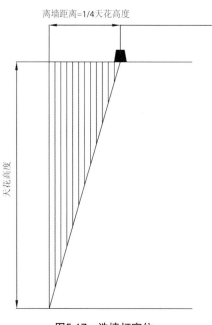

离墙距离=1/4天花高度

天花高度

图5.17　洗墙灯定位

洗墙灯间距计算方法如下：

显而易见，光源离被照物越远，光束覆盖范围越大。这点对洗墙灯同样适用，离墙越远，洗墙灯照射的范围越大。不过要注意确保墙面的上半部分也能被照亮。一般来说洗墙灯的离墙距离应该是天花高度的1/4（图 5.17）。如果天花高度是3.6 m，那么洗墙灯离墙距离应该是0.9 m［3.6 × 1/4=0.9（m）］。

洗墙灯的目的是要照亮整个墙面的高度和长度，因此通常都是若干套成组使用。和筒灯类似，洗墙灯的间距主要由其光源决定。面光源灯具间距可以是离墙距离的 1.5 倍，而点光源灯具间距应该是离墙距离的1 倍。

再次提醒，这个算法仅供估算，具体请根据实际灯具情况进行计算。

擦墙灯具

擦墙照明是一种把灯具安装得离墙很近的照明手法，主要是为了突出墙面的表面肌理（图 5.18）。曾经的通行做法是在离墙很近的地方安装一排窄光束卤素灯。现在高光通线条 LED 灯具出现了，逐渐取代了卤素灯。

灯盘

灯盘作为一般照明广泛应用在办公室、学校、商场等场所。灯盘是荧光灯最常见的灯具形式。不过，LED 技术出现以后，很多厂家开始用 LED 设计灯盘。以下是几种最常见的灯盘：

图5.18　擦墙照明示例

- 透镜灯盘，在表面使用一层塑料透镜对光线进行折射，使其分布在想要的区域（图 5.19）。透镜还可以减少眩光。透镜里加装无线射频屏蔽层后灯盘还可以用在医院手术室和实验室中。这种灯是适合吊灯天花系统的最廉价的照明灯具。
- 抛物线反射器灯盘，这种灯盘使用抛物线形的铝制格栅来遮光，增强了视觉舒适性（图 5.20）。有一定深度的格栅提供了足够的截光，大大减少了电脑屏幕上的反射眩光。由于截光过于彻底，还需要对墙面做一些补充照明。由于现在绝大多数电脑屏幕已经是防眩光设计，所以这种灯盘不那么流行了。

图5.19　典型透镜灯盘
（图片来源：Acuity Brands 照明公司）

图5.20　典型抛物线反射器灯盘
（图片来源：Acuity Brands 照明公司）

- 嵌入式间接灯盘，通常在中间有一条圆弧形的穿孔金属遮光板，用来挡住荧光灯管或者 LED 线条灯（图 5.21）。灯光向上照射到灯盘的内表面后反射下来。和其他灯盘一样，它们仍然是直接灯具，但是经过灯盘反射的下照光更为柔和均匀，因此这类灯盘越来越流行。
- 高光效灯盘，结合了透镜灯盘的高光效和间接灯盘的美观（图 5.22）。光源藏在一层透镜后面，既能遮挡光源又能让出光更柔和。
- 线条型灯盘或者灯条，是一种自带遮光罩或者乳白柔光罩的嵌入式灯具

（图 5.23）。宽 度 通 常 是 50 mm、100 mm 或 者 150 mm，长 度 通 常 是 1 200 mm 的倍数（荧光灯）或者 300 mm 的倍数（LED）。这种类型的灯盘更受设计师的欢迎，因为外形上更加美观，可以和建筑元素相融合。

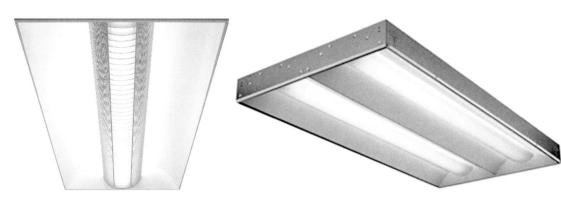

图5.21　典型间接灯盘
（图片来源：Acuity Brands 照明公司）

图5.22　典型高光效灯盘
（图片来源：Acuity Brands 照明公司）

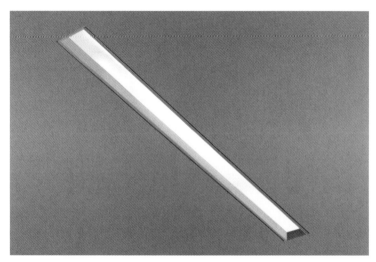

图5.23　典型线条型灯盘
（图片来源：Acuity Brands 照明公司）

大多数灯盘都是嵌入安装的，设计时为了可以兼容吸声石膏板，最常见的灯盘尺寸是 300 mm×600 mm、300 mm×300 mm 或者 150 mm×600 mm，但也有其他尺寸。嵌入式灯盘的深度从 90 mm 到超过 180 mm，设计师要充分考虑天花上方是否有足够的安装高度。

灯盘可以适配绝大多数荧光灯和 LED 技术，包括调光。它们也可以附加应急电源，充当应急照明使用。

灯盘间距计算方法如下：

作为一种环境光源，荧光灯盘通常安装在天花高度不高于 3 m 的空间内。绝大多数灯盘的间距在 2.4~3 m 之间时，照明效果足够均匀。要注意，有时候家具布局要求灯具在局部装得密一些。办公空间的灯盘有时候会因为房间分隔的遮挡而影响灯光效果。

线型照明系统

　　线型照明系统就是不同出光形式的各种荧光吊灯,在办公室、教室等空间里非常实用;此外,也很适合不做天花吊顶无法用嵌入灯具的空间。由于有不同的长度和组合可选,所以常被叫作线型照明系统。

- 间接照明系统,只有向上的光(图 5.24)。安装高度至少距离大花 45 cm,吊线越长,天花照明的均匀度越好。要保证空间洁净,天花高度至少为 2.7 m。半间接系统有少量的下照光(10%或更少),使用方式类似。

- 直接加间接照明系统,既能提供间接照明创造舒适的照明环境,又有直接灯光满足任务照明(图 5.25)。直接照明吊线长度和距离天花的高度不像间接照明那样要求严格,不过吊线高一点的光照效果更均匀。上照光和下照光之间的比例各不相同:通常来说,天花越高,下照光比例越大。这种照明系统适用于办公室、教室、图书馆、零售店和一些医疗机构,对于大量使用电脑的地方也很适用。

- 直接线型照明系统,只提供下照光(图 5.26),通常适用于没有条件安装嵌入灯具的空间,或者不需要上照光的空间。直接线型照明的吊线高度很重要,不过灯具底标高不能低于 190 cm,否则会影响通行。

　　以上几乎所有灯具都是适用于干燥且相对清洁的场所。可以搭配调光镇流器使用,或者加装电池充当应急照明。有些灯具还在底部安装了轨道或者低压筒灯。各个厂家还会附加各种控制设施,例如光电电池或者人体感应器(参见第

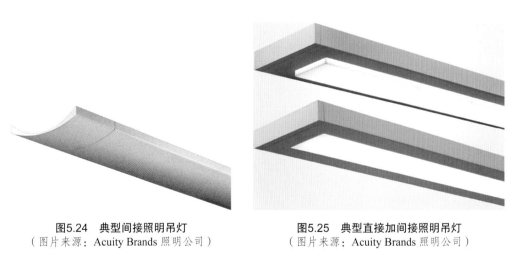

图5.24　典型间接照明吊灯
(图片来源:Acuity Brands 照明公司)

图5.25　典型直接加间接照明吊灯
(图片来源:Acuity Brands 照明公司)

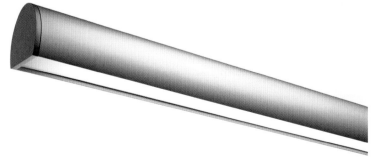

图5.26　典型直接照明吊灯
(图片来源:Acuity Brands 照明公司)

6 章）。

　　廉价的线条灯是用不锈钢制造的，而较贵的灯具会用压铸铝制作灯体。过去常用的光源是三根 T-8 或 T-5 灯管，现在采用更灵活的 LED 作为光源。

　　线型照明系统间距计算方法如下：

　　线型吊灯应当安装在天花高度不低于 2.7 m 的空间内。对于间接照明灯具，悬吊高度应不低于 45 cm。通常来说，吊灯之间的间距在 3～3.6 m 之间。直接照明吊灯间距的算法和灯盘类似，此外在灯具布置前还要看一下家具的排布位置。

间接照明灯槽灯具

　　间接照明灯槽灯具是用来向上照亮天花板的灯具。大部分情况下，间接照明灯槽灯具是连续通长的，隐藏在某种建筑结构中，有时也会被设计成墙面的壁灯。设计时必须仔细考虑灯具的选型。有些灯具是为了均匀照亮天花，有些只是为了在天花上照出一个光斑。常见灯具和设计手法如下：

- 非对称荧光灯或 LED 灯槽灯具，自带反射器，把灯光反射上照（图 5.27）。
- 可调角度 LED 灯槽灯具，有各种不同的光束角、尺寸和功率，有些用来照亮整个天花，有些只是为了照亮局部（图 5.28）。很多 LED 灯槽灯具是高压的，自带集成电源驱动，可以直接接入市电。
- LED 灯带，是背后自带胶布的柔性 LED 线条灯（图 5.29）。除了可以用作间接照明灯槽灯具，还常常用作柜子隔板照明。它们体积很小，驱动电源必须分体安装。

　　间接照明灯槽灯具间距计算方法如下：

　　灯槽灯具的间距和建筑尺度有关，通常来说灯具表面到天花之间的距离至少要有 300 mm。此外，在设计灯槽时还要注意侧面翻边不要遮挡灯光。

图5.27　典型非对称灯槽灯　　　　图5.28　典型可调角度LED灯槽灯　　　图5.29　LED灯带
（图片来源：Acuity Brands 照明公司）　（图片来源：Acuity Brands 照明公司）

任务灯具

　　任务灯具是专为照亮桌面工作区域而设计的灯具。任务灯具既可以是移动式的，也可以是固定式的。

- 可移动式任务灯具（图 5.30），自从几十年前台灯被发明后就是经典而实用的照明工具。现代灯具的光源包括低压卤素灯、CFL 和 LED。
- 柜下灯具，是安装在书柜前沿的灯具（图 5.31），最常见的是荧光灯，现在 LED 的应用也越来越广泛。为了满足节能要求，很多灯具都内置了人体感应器。

图5.30　典型可移动式台灯

图5.31　典型柜下灯具
（图片来源：Acuity Brands 照明公司）

装饰照明

装饰照明像是建筑的点缀,很多时候还能代表建筑的风格、时代以及特征。传统装饰灯具以白炽灯光源为主,不过现在 CFL 和 LED 也越来越普遍了。一般来说,如果光源是隐藏安装的,那么很难看出白炽灯和其他光源的区别。

- 枝形吊灯,是最传统的装饰灯具,以白炽灯泡为主,模拟烛光的效果(图 5.32)。现代的枝形吊灯采用新的光源和美学设计,通常都是悬吊在天花下方,可提供一般照明,主要应用在酒店大堂、宴会厅、门厅等位置。
- 吊灯,是指通常用在家居、商场、酒店、餐厅里的悬吊式装饰灯具,不像枝形吊灯那么复杂(图 5.33)。传统设计以白炽灯或卤素灯为主,现在越来越多地改用 CFL 和 LED 了。

图5.32 枝形吊灯示例
(图片来源:Acuity Brands 照明公司)

图5.33 吊灯示例
(图片来源:Acuity Brands 照明公司)

- 表面安装的灯具,和吊灯类似,但安装高度和天花很近,这样绝大多数传统天花高度的空间都能使用(图 5.34)。
- 壁灯,是装在墙上的灯具,以装饰性为主要目的(图 5.35)。壁灯外形有很多种选择,从古典到现代都有,可以用在酒店、办公室走廊以及大堂中。壁灯可以选择白炽灯,也可以选择 CFL 或者 LED。
- 台灯(图 5.36)和落地灯(图 5.37),是使用白炽灯的可移动灯具,不过现在也逐渐改用 CFL 和 LED 了。台灯和落地灯最常应用在家居中,商业上的应用主要是在人眼高度的位置创造亮点。

图5.34　天花吊灯示例
（图片来源：Acuity Brands 照明公司）

图5.35　壁灯示例
（图片来源：Acuity Brands 照明公司）

图5.36　台灯示例
（图片来源：汉普斯特德公司）

图5.37　落地灯示例
（图片来源：汉普斯特德公司）

• 　镜前灯，也是装饰灯的一种，不过它们主要用在洗漱间和镜子前（图5.38）。它们在镜子上方水平的位置安装，或者竖着装在镜子侧面，主要作用是照亮人脸减少阴影，因此必须采用漫射光源。现在常用显色性好、暖色温的 CFL 和 LED。

图5.38　镜前灯示例
（图片来源：TechLighting公司）

　　绝大多数装饰灯具都只能应用在干燥的室内环境,个别灯具上会有防潮标志,表示可以淋雨。

商业灯具和工业灯具

　　商业灯具包括各种荧光光源的灯具和LED的直接照明灯具,其中最典型的一种是全包裹面罩灯,如图5.39所示。这种灯具属于最廉价的灯具之一,通常用于普通项目里的一般照明和功能照明。

　　工业灯具外观上通常以简洁实用为主,图5.40显示的是工业荧光支架灯,这种灯具带有简单的反射器,可以表面安装,也可以用吊链或吊杆悬吊安装。荧光支架灯现在还常常用作灯槽照明、灯箱照明、发光膜照明等。由于现在LED灯带越来越廉价,所以逐渐替代了荧光灯管。HID工业灯具包括高天棚灯具和低天棚灯具,如图5.41所示。现在LED类型也越来越流行。

图5.39　典型全包裹面罩灯
（图片来源：Acuity Brands照明公司）

图5.40　典型荧光支架灯
（图片来源：Acuity Brands照明公司）

图5.41　典型工业吊灯
（图片来源：Acuity Brands照明公司）

　　工业灯具通常用在工厂和仓库,最近在学校和商场里应用也越来越多,可营造一种简约的风格。

　　选择灯具的第一步就是决定采用什么光源。光源选好以后,设计师要通过评估建筑条件、设计美学以及客户预算,来确定什么风格和类型的灯具最适合该项目。

第 6 章　照明控制

开关对于照明来说是必不可少的部分。即使蜡烛和煤气灯也需要随时"开关",有时甚至能调节亮度。照明控制让空间的使用者可以根据个人喜好调节灯光的强弱和品质。除了能调节灯光氛围,照明控制还有助于节能。

控制方式、规范及常识

照明控制可以简单到只有一个墙面开关,也可以复杂到成为整楼的控制系统。但无论是什么样的控制,其控制原则无非下面描述的几种。

控制运行时间

用户要控制灯光的运行时间,主要是为了方便和节能。关灯时,用户既节约了电费,也延长了灯具寿命。当然,用户关灯还有个目的,就是为了更快入睡。这种开灯和关灯都叫作"开关控制"。

控制功率

绝大多数光源可以在功率下降的情况下继续运行,功率下降就是光源没有正常工作时那么亮,也就是调光。过去调光主要是为了营造氛围,比如用于餐厅和宴会厅中。但今天,调光更多是用来节约能源。在很多空间中,窗户的自然采光充足时则可以把室内灯光调暗。

规范要求

美国建筑规范中对照明控制的要求有以下几方面:

1. 要求每间民用住宅房间的门边都设置开关。设置这些开关的目的主要是为了安全和方便。

2. 节能规范中,比如国际节能规范(IECC)、美国采暖、制冷与空调工程师学会标准 ASHRAE Standard 90.1 等,要求每个非住宅空间都要有控制开关,但不是每个门边都要有。设置这些开关主要是鼓励人们在不需要照明时随手关灯。对于大部分空间,要求灯光能在没人以后自动关闭,也就是需要设置人体感应。

3. 更新的规范要求当自然采光充足时,人工照明能够自动调暗。

常识

除了特定的规范要求,照明控制主要是为了满足特定照明需求。最好的设计都是在建筑之前就预想好房间的需求并加以解决。例如,是否需要在多个位置设置开关或者调光? 是调光还是开关更适合房间里的活动需求? 在满足规范的前提下,最好的设计策略永远是满足常识要求。

挑选合适的调光器并设计控制系统是个复杂的过程。但设计的第一步就是决定控制区域或者灯光的分组,这需要对房间使用情况有基本的了解。总的来说,每个层次的灯光都应当设置单独的控制分区,因为每个层次都有其特定作用。此外还需要区分开不同的灯具类型。比如,一间会议室内可能在会议桌上方有线条型荧光吊灯,还有 LED 洗墙灯照亮墙面,而荧光灯的调光器和 LED 的不一样,因此需要设置两套调光系统。

控制种类

据估计,照明控制可以节约 60% 的被浪费的能源,所以本章中也会讨论节能相关内容。常见的控制手段类型有以下几种。

开关

开关是控制灯光开和闭的设备。绝大多数开关是机械式装置,直接控制电路的通和断。每个灯光分组或分区都需要一个开关,实现整体控制。如果一个房间有多个出入口,那么就要相应地增加开关数量。多处安装的开关需要特殊的形式,即所谓的"三联"或"四联"开关,可以实现在不同地方的开关都能控制灯具。

开关应该装在门的旁边,因为人们在进门的时候会习惯性地摸向门边,安装高度大约为 1 m,这是为了满足《美国残疾人法案》的要求。与之类似的,插座的离地高度不得小于 45 cm。

常见的开关有两种:拨动开关和翘板开关,分别如图 6.1 和图 6.2 所示。开关面板有很多种颜色和材质可选。有些开关自带指示灯(在晚间更好寻找),或状态灯(当灯具通电时会发光)。当房间里有多个开关时,可以将它们成组安装,或者集成到一个面板上,如图 6.3 所示。

时间控制

很多照明系统的最佳控制方式是定时自动控制。比如,对于营业时间固定的商场来说,灯光最好用定时控制器实现自动开关。在家居中人们也经常使用定时灯具。

某些定时控制系统可以根据一年内的不同季节自动改变时间设定。这种设备叫作"天文时间控制"。

图6.1 拨动开关示例
（图片来源：路创电子公司）

图6.2 翘板开关示例
（图片来源：路创电子公司）

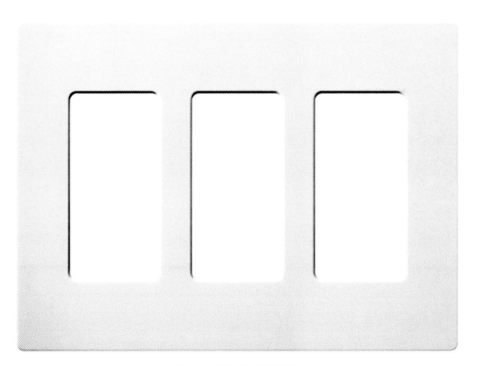

图6.3 "集成"开关面板
（图片来源：路创电子公司）

　　延时开关是一种可以在一定时间后自动关灯的开关。历史上的原型采用的是旋转弹簧拨片，主要用于关闭浴室的加热灯。现代的延时开关通过按钮打开，关

图6.4　壁装感应器
（图片来源：路创电子公司）

图6.5　天花感应器
（图片来源：路创电子公司）

闭时间可以编程设置。

人体感应

人体感应器在感应到有人活动时会自动将灯开启，然后在长时间感受不到有人活动后会将灯关闭。人体感应器既方便又节能。有时候也会采用简化版本，即需要手动开灯，但会在人离开后自动关灯。

普通开关可以直接替换为人体感应开关（图6.4），这样照明控制几乎可以不用手去操作，确保没人时灯会自动关掉。装在天花上的人体感应器（图6.5）可以接入控制系统中，而且若干感应器可以连到一起。这样可以确保在大空间里的动作都能被感应到，如餐厅或健身房，保证灯光在需要时开着。此外在洗手间这样的空间，多个感应器可以确保不会把人留在黑暗中。

感应器的位置以及它们感应窗口的位置是确保照明系统正常的关键，比如，私人办公室里的感应器不能受临近的走廊的干扰。

电气师笔记

感应器厂家们采用多种方法来确保当空间里有人时灯光保持开启，即使空间里的人的动作非常细微。

- 被动式红外。红外传感器检测空间里物体发出的红外辐射，由于人体的温度和墙壁的温度不一样，传感器可以检测出空间里有人。
- 超声波。超声传感器发出高频声波，并检测反射回来的波形。如果波形没有变化，感应器就认为空间里没有人。
- 双重技术。红外感应和超声感应同时具备。

调光

调光器是改变灯光强度及功率的控制设备。调光器几乎都是把调光电路集成到一个开关里，这样就成了开关调光器。对于单向动作的调光器，光调到最暗后就等于关灯；对于预设定的调光器，开关和调光是独立的动作。预设定调光器更好一些，因为可以做成三联或者四联开关，还可以将喜好的灯光效果预先设定好，即使关灯也不会抹去设定。

过去,调光器主要用于需要多功能、多照度的空间。现在,由于调光 LED 的普及,在普通空间内设置调光也越来越普遍。

在选择调光设计时,关键一点就是选择和光源类型相匹配的调光器。常见的调光器类型如下:

- 白炽灯标准调光器。额定功率范围为 600~2 000 W。如果替换为 LED 光源,必须测试一下调光器能否实现平滑调光、无闪烁。
- 低压灯具(卤素灯或 LED)调光器。这类调光器是通过控制变压器来实现调光的。具体有两种:适配电磁变压器的调光器和适配电子变压器的调光器。通常的额定单位是伏安(V·A),可以大致等价于瓦。适配电磁变压器的调光器额定功率至少为 600 V·A,而适配电子变压器的调光器额定功率至少为 325 V·A。
- 荧光灯调光器。要对荧光灯调光,必须确保灯具采用的是可调光镇流器。调光器必须搭配合适的镇流器使用。
- LED 照明。LED 需要特殊的调光电路,但绝大多数被设计为接入低压或者荧光灯调光器。变色 LED 灯需要特殊的控制,很多是可以接入舞台照明控制系统的。

调光器的外形有很多种,其中最常见的是旋钮调光(图 6.6)和滑动调光(图 6.7~图 6.9)。对于旋钮调光,预设定调光器通常采用弹出式拨盘;对于滑动调光,预设定调光器通常采用弹出式按钮。也可以将开关和调光滑片单独设置。

图6.6　旋钮调光器示例
（图片来源：路创电子公司）

图6.7　滑动调光器弹出式开关示例
（图片来源：路创电子公司）

日光感应

日光自动控制主要采用光电感应元件,当自动控制系统感应到充足的日照时,会自动关灯或将灯光调暗。在室外应用中,光电开关会在日出后自动关闭路灯和停车场的灯。对于室内空间,光电调光器可以在自然光充足时减少人工光的能耗,到了晚上再提高灯光水平,光电感应器如图 6.10 所示。

图6.8 滑动调光器带按钮
（图片来源：路创电子公司）

图6.9 翘板开关带滑动调光器
（图片来源：路创电子公司）

图6.10 光电感应器
（图片来源：路创电子公司）

电气师笔记

荧光灯调光镇流器和LED调光驱动在商业照明中很重要，因为它们能节约大量能源。

荧光灯调光镇流器总共有五种，每种的调光方式都不相同。

1. 针对传统白炽灯调光电路的调光镇流器，只接两根线（火线和零线）。两线电路应采用专用的调光器，但优势是可以直接在现有电路上增加调光设计，不用改线。

2. 荧光镇流器的调光器需接三根线（开关火线、调光火线和零线）。这是前几年针对传统电路的电磁镇流器设计的。

3. 采用四线电路（开关火线、零线、"低压+"和"低压−"）调光的镇流器，其中低压电路为0~10 V。这种方式被很多现代能源管理系统采用，很多传统建筑调光也用这种方法。

4. 采用数字电路调光的镇流器，接电源线的同时还要接一组控制线。控制线可以和电源线走一路管线，免得额外走一根管线。镇流器负责开关，并根据控制系统的信号调节功率。每个镇流器都是可编址的，让系统可以随时编组和编程。

5. 通过电源线传输信号的调光镇流器。这种方式是利用电源线传输只有调光镇流器能解读的数字信号。

很多LED系统的集成驱动采用和荧光灯类似的技术，LED灯具常用0~10 V的调光驱动，实现节能效果。设计师要确保镇流器和驱动与调光器兼容。

随着近年来规范的发展,对于日光利用的要求越来越高,这让光电感应器的重要性更加突出。感应器可以装在天花上,控制整个建筑一侧的灯光。有的感应器很小,可以直接装在灯具底部,对单个灯具进行控制。

流明维持率

流明维持率控制是利用了这样一个原理:通常照明系统在设计时照度水平都是偏高的,以便光源衰减或污损时,整体照度还在可接受的水平。这就意味着当照明系统刚安装完时,或者刚刚做完清洁时,将整体照度水平调低 20% ~ 30% 仍然能够满足要求。

流明维持控制系统通过一个特殊的光电感应器实现此项功能,感应器随时探测桌面的照度,并调整灯具的光照强度。

控制系统

在大型建筑中,通常会把照明控制设备连接起来形成一套系统。该系统让建筑运营人员可以更好地控制灯光。在某些大型复杂建筑中,比如体育馆或体育场,照明控制是必备设施。

中继系统

利用中继器通过一套低压控制系统实现照明的远程控制。中继器根据低压系统发出的信号,用机械方式打开或关闭电路,控制 120 ~ 277 V 的电压。

在中继控制系统中,需要同时开关的灯具必须连接到同一套中继器上。很多中继器会集成到一个面板上,通常放在电路断路器旁。中继系统最适合大型商业或行政建筑使用,只需要开关,不需要调光。

能源管理系统

在大型建筑中,计算机能源管理系统控制着中继器,同时具备电脑控制、中心化以及方便的优势。这样的系统会给不同的灯光系统设置各种时间表。正是有了这样的控制系统,只要一名工程师就可以操控整座大楼的照明。

预设定调光系统

预设定调光器是将每个调光器的灯光水平都提前设定并存储好。只需要按下一个键,调光器就自动将灯光调到预设水平,制造灯光场景。预设定调光器就像一个小型的本地控制系统,也可以控制一整座楼。

最常见的预设定调光设备是六分区四场景控制器(图 6.11),通常用于控制大型住宅建筑、会议室和小型餐厅的灯光。这种设备主要用于在不同的时间需要不同的场景去满足不同的功能的空间。总共可以存储四个场景,当用户按下对应的按键时,就会自动调节出对应场景的灯光。

大号的预设定调光系统有很多调光器,通常安装在电箱中,可以实现复杂的灯光效果。这种更为复杂的系统通常用在酒店的多功能厅、会议中心以及有很多房间的大型设施中。这套系统特别强大,包括以下特性:

- 给每个分区的灯光进行调光设定,包括每个场景。

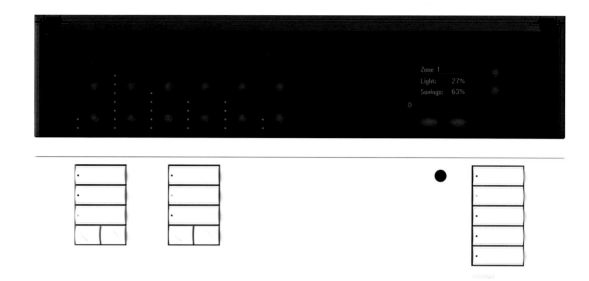

图6.11 预设定调光控制器示例
（图片来源：路创电子公司）

- 给每个房间设定若干灯光场景。
- 可以手动去选择场景，也可以单独调整每个房间的场景。
- 分区开关，让灯光根据移动分隔的隔间进行控制，主要用于酒店多功能厅。
- 根据时间进行全自动编程控制。

计算机照明控制系统

最强大的照明控制系统是采用一套中央电脑来控制整栋建筑灯光的。比如说，在一座大型别墅中，房主可以在车上按下一个按钮就打开整座房子的灯光。在商业建筑中，照明系统可以和窗帘控制系统联网，以便更好地利用自然光。

电气师笔记

计算机照明控制系统越来越流行，即使是中小型建筑也多有采用，因为其节能效果非常显著。常见系统有以下三类：

1. 基于数字可寻址照明接口（DALI）标准的全集成照明控制系统，所有灯光的开关和调光控制都是通过镇流器和驱动来实现的。

2. 采用 Ethernet/TCP/IP 或者 RS485 协议的分区式照明控制，采用 DALI 或 0～10 V 镇流器和驱动。

3. 传统的中央电箱控制系统，通过若干分电箱、调光模块和中继器来实现对传统白炽灯、卤素灯、HID 等光源的控制。

以上三种系统都具有相似的功能，但相互之间都不兼容，也很少有通用的配件，所以设计师最好在前期就和相关厂家或系统专家进行配合。

第 7 章 光的度量

照明计算是照明设计不可缺少的一环,无论是学校、办公室、商店还是商用建筑都是如此,只有家居照明中对计算要求较少。在本章中,我们将介绍照明计算的各种方法,及各种预测结果的工具。

在现代设计中,我们时常把勒克斯放在嘴边,在讨论照度要求时,一般都是指在桌面高度的水平面上的平均照度。但实际上,更好的设计方式是只给桌面提供足够的照度,同时多关注立面照度(比如说艺术品)。

虽然照度水平很重要,但是某个空间的感知亮度并不能单靠照度的数值来表示。如第 1 章所述,人类更容易看到明亮的立面。一个墙面很亮而水平照度较低的房间,看起来要比墙面较暗但水平照度很高的房间亮一些。所以照明计算只是设计手法中的一部分。

确定需要的照度水平

IESNA 给出了推荐照度标准值,照度基本是在离地 750 mm 的水平面上测量得到的。照度的单位是勒克斯(lx,即流明每平方米)。

IESNA 从三方面对照度进行了设定:视觉任务的复杂性、视觉任务相对其他活动的重要性以及用户的年龄。具体分类如下:

A 类:公共空间,30 lx。

B 类:简单导向任务,50 lx。

C 类:简单视觉任务,100 lx。

D 类:高对比度且目标大的视觉任务,300 lx。

E 类:高对比度且目标小的视觉任务,500 lx。

F 类:低对比度且目标小的视觉任务,1 000 lx。

G 类:接近阈值的视觉任务,100 000 lx。

照度推荐值基于这样一个假设:空间里 50%以上的用户年龄处于 25~65 岁之间。如果主要用户年龄超过 65 岁,那么照度值最好翻倍。反之,如果主要用户年龄小于 25 岁,那么照度值可以适当降低。

对于各种具体的视觉任务要选择合适的照度值,请参阅《IESNA 照明手册》(第十版)。

以下还有几点要注意:

- 这些只是推荐值,不是设计规范。有些特殊应用场景会有专门的规范,比如涉及人身安全或健康的规范。例如美国消防协会标准《生命安全规范》NFPA 101 要求,应急逃生通道最小照度值为 10.76 lx。
- 设计师应当根据项目需求来对照度值进行调整。比如,如果工人普遍年龄较大,或者视觉任务很琐碎等,设计师应当提高照度要求。
- 照度值只是针对任务照明的平均值,具体到空间还是有高有低的。

照度分布的均匀度也是 IESNA 推荐值的要求之一。对于室内照明,IESNA 推荐的照度比率如下:

视觉任务区:照度推荐值的 67% ~ 133%。

任务区紧邻的周边:照度推荐值的 33% ~ 100%。

周围环境:照度推荐值的 10% ~ 100%。

如果照度水平保持这样的分布关系,人眼就始终处于合适的适应状态,就能对视觉刺激做出迅速反应。

初始照度与维持照度

当光源是崭新的并且灯具干净时,照明系统的输出达到最大值,叫作"初始照明水平"。随着光源老化、灯具落灰,照明水平会下降。具体下降的程度取决于光源的类型和寿命、环境的清洁程度以及光源和灯具的维护频率。通常来说,至少会有 10% ~ 25%的下降。对于照明计算,可以用光损失系数(LLF)来表示,应设定为 0.75 ~ 0.90。

这个系数是整个照明计算公式中的系数之一。读者们应该能猜到,本章后文中还会介绍其他系数。

基本理论

照明学科有超过 300 年的历史,最早研究对象显然是烛光。1 英尺烛光的照度是 1 根蜡烛在 1 英尺(1 英尺≈30.48 厘米)外的平面上形成的照度(图 7.1)。1 烛光,现表示为 1 cd。

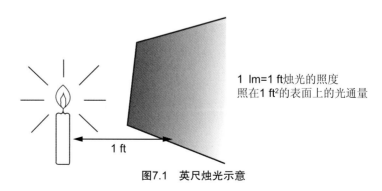

1 lm=1 ft烛光的照度
照在1 ft²的表面上的光通量

1 ft

图7.1　英尺烛光示意

光源

光源发出的光的多少用流明为单位进行测量,表 7.1 给出了常见光源的光通量。

有些光源的能效相对较高,从表中可以看出 13 W 的 CFL 和 9 W 的 LED 发出的光与 60 W 的白炽灯差不多。选用 LED 和 CFL 光源是节能的第一步。

流明是照明里的基本单位,光通量在做一般照明或氛围照明时尤为重要。光源的光通量可以查光源的手册,有些灯具也会给出其内部光源的光通量值。

随着 LED 效率的不断提高,大部分厂家开始转用 LED 作为光源生产灯具。在选取灯具时,要注意区别光源的光通量和实际灯具的光通量。

表7.1　常见光源光通量

光源	光通量
蜡烛	13 lm
60 W 白炽灯	890 lm
13 W CFL	825 lm
9 W LED 光源	900 lm
1 W LED 模组(2017 年数据)	> 150 lm
标准 1 200 mm T-8 荧光灯管	2 850 lm
100 W 高压钠灯	9 500 lm
1 500 W 金卤灯	165 000 lm

电气师笔记

对于商业设计任务,利用计算机做逐点的照度计算已被认为是标准做法,因为软件的成本已经比较低廉。软件的教学课程也到处都是,线上线下都有。

销售商、厂家或代理商也纷纷提供计算服务。特别是对于涉及大量商用灯具的项目,通过提供免费计算来交换一份订单是很划算的。

灯具和方向性光源

在照明设计中,对于灯具和方向性光源,主要是测量其出光的强度和方向。这个测量比较复杂,涉及复杂的光学理论。不过有些基础知识可以应用到日常设计中。

以手电筒为例,普通的两节电池的手电筒的出光量大约为 200 cd。不过出光是单向的,不像蜡烛那样往四面八方出光。

在绝大多数照明计算中,都要用到照明强度和方向的分布图。最基本的计算叫作距离平方法则,照度等于发光强度除以距离的平方:

$$\frac{发光强度}{距离^2} = 照度$$

假设上述提到的手电筒照射到 3 m 外的石头上,那么照度就是:

$$\frac{200 \text{ cd}}{3^2} \approx 22.2221\text{x}$$

预测照明设计结果

在设计照明时,设计师必须保证灯光足够,那么需要多少灯具,为多少功率,要用什么光源呢？另外要记住,所谓合适的照度指的是目标值的 66 %～75 %。这就是很多建筑师和室内设计师无法解决的难题。

预测一般照明和氛围照明

一般照明和氛围照明的照度水平基本就等于水平面的平均照度。这是照明计算中最普通的一种。具体方法有三种：

1. 根据粗略计算来预估平均照度,本章后面将会介绍具体方法。这种方法虽然不够精确,但对很多项目来说已经足够。至少能确保结果不会错得太离谱。

2. 用流明法进行计算。流明法虽然比较复杂,但只需要计算器就能完成。这种方法对于一般照明比较精确,但对于照明分布不均匀的情况效果就不好。

3. 采用逐点法用计算机计算。这需要一定的专业知识,能够操作复杂的电脑程序。有些程序是图形界面的,能让建筑师和室内设计师看懂。不过很多计算是由照明设计师、工程师等来完成的。

预测任务照明和焦点照明

任务照明的照度相对来说比较难以预测。有些是因为缺少数据,有些是因为计算过于复杂。但仍然有四种方法可以对其进行预测。

1. 利用灯具厂家提供的说明书,如图 7.2 所示。这是预测照度的最好方法。

PHOTOMETRICS

Photometry derived in accordance with IESNA LM41 procedure. Vertical and horizontal illuminance is calculated with fixture mounted 15" from work surface.
Full photometric data available upon request.

Initial Point Illumination on horizontal work surface. (fc)

Coordinates are on 6" centers.

UC 24
Report LTL 6349

	1	2	3	4	5	6
A	7	9	9	7	5	3
B	13	19	18	13	8	4
C	21	30	29	19	10	6
D	26	38	36	23	12	7
E	26	38	36	23	12	7
F	21	30	29	19	10	6
G	13	18	18	13	8	4
H	7	9	9	7	5	

UC 42
Report LTL 6447

	1	2	3	4	5	6
A	22	31	31	21	13	7
B	32	46	44	30	17	9
C	37	54	52	35	19	11
D	40	58	56	37	21	12
E	40	58	56	37	21	12
F	37	54	52	35	19	11
G	32	46	44	30	17	9
H	22	31	31	21	13	7

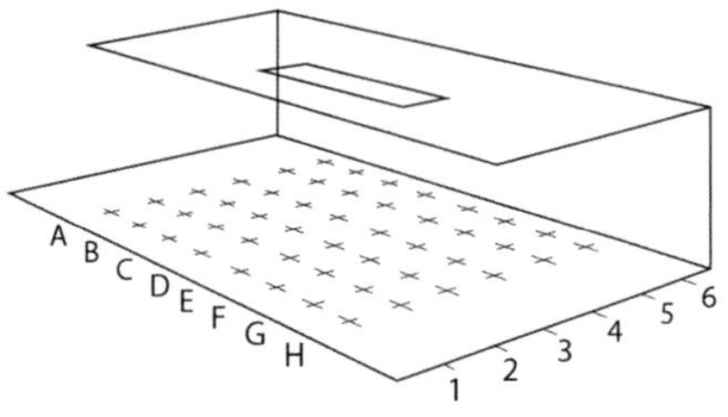

注：此图为美国照明产品特点，国内灯具请参照国内样册。

图7.2　灯具照度分布图示例

（图片来源：Acuity Brands 照明公司）

2. 使用距离平方法则来预测照度水平。这种方法相对较简单,而且对于展示照明很适用,后文中将详细讲解此方法。

3. 使用展示照明计算程序。这需要有一定的照明知识,不过软件通常是免费的。

4. 采用计算机逐点法计算,如前文所述。

计算出某个特定点的具体照度数值对照明设计来说越来越重要,特别是像紧急照明这样的设计。通常需要用计算机软件来确认是否符合规范要求。

空间效果如何?

最终,设计的决定因素还是空间的视觉效果。照明设计师可以只凭平面图和剖面图来想象出最终的照明效果。

如今,很多 3D 设计软件都自带渲染功能,可以渲染出空间的照明效果图(图7.3)。除非照明设计和要求非常复杂,有初等 3D 设计能力的建筑师都可以根据渲染图的效果来评估照度水平。当然,完整的照明设计不仅包含效果的呈现,还要有很多技术分析数据。

图7.3　渲染图示例

建筑师和室内设计师的粗略计算

虽然已经很少有建筑师和室内设计师会做照度计算了,不过他们还是要掌握一些粗略的计算方法。下面介绍的几种方法能够提供相对精确的结果。不过请记住,这些方法只是估算。

功率密度法

这个方法对很多类型的空间都适用,可以直接用房间面积乘以表 7.2 中的单位面积功率的数值。

$$面积 \times \frac{功率}{距离^2} = 总功率$$

这可以计算出总共需要多少功率的灯具才能取得需要的平均照度。这个方法的使用需要满足以下几条原则:

- 此方法适用于白色天花、中浅色调墙面以及有开窗的常规空间,不适用于深色空间或者异形空间。
- 此方法适用于常见的照明设备,不适用于定制灯具和非常规灯具。
- 要区分点光源(如卤素灯)和氛围灯(如荧光灯)的不同效果(参见下文中案例 1 和案例 2)。

表7.2　不同场所的功率密度

平均照度水平和典型应用场景	LED 光源的功率密度	荧光灯及 HID 光源的功率密度	白炽灯和卤素灯的功率密度
25～50 lx（宾馆走廊、楼梯间）	0.75～1.076	1.07～2.15	3.22～7.53
50～100 lx（办公走廊、停车场、剧院）	1.61～2.15	2.15～4.30	7.53～10.76
100～200 lx（建筑大堂、休息间、电梯、商场、宾馆功能房间、学校走廊）	3.22～4.30	4.30～8.61	10.76～21.52
200～500 lx（办公区、教室、报告厅、会议室、商业氛围、工厂、健身房）	6.46～10.76	8.61～12.91	不推荐
500～1 000 lx（便利店、大型超市、实验室、精密工厂、体育场）	10.76～21.32	12.91～21.52	不推荐

简化版流明法

流明公式基于照度的基本公式，即：

$$照度 = \frac{光通量}{面积}$$

不过，这个基本公式没有考虑灯具的效率、房间的形状，以及天花、墙壁和地面的材质。要使计算更精确，必须增加两个因数。其中一个是利用系数（CU），考虑的是灯具和房间因素造成的光通量下降。CU 通常可以在灯具制造商的数据表里查到。要计算 CU，必须先确定房间的室空系数，以及房间各表面的反射率。

IESNA 还开设了课程教授流明法，读者们也可以参阅《IESNA 照明手册》（第十版）进行学习。

虽然这种方法完全可以用手算完成，但建筑师和室内设计师通常不具备这样的专业知识。为了简化，通常会把 CU 和 LLF 去掉，然后把总光通量减半计算。结果当然不够精确，但已能让设计师对照明结果有初步判断。

此方法归结起来即下述过程：

1. 用总的初始光通量除以房间的总面积。
2. 再将结果除以 2，得到平均照度的近似值。

这个过程反过来就可以计算出需要多少光通量才能达到需要的照度值：

1. 将需要的照度值乘以 2。
2. 将结果乘以房间总面积，得到初始总光通量。
3. 再用初始总光通量除以每套光源的初始光通量，算出需要多少套光源。

我们对比看一下案例 1 和案例 3，就知道正反两种计算都可行。这种简化版的流明法对于多种照明共存的房间特别有效，案例 4 就是证明。

简化版逐点法

要采用这种方法，设计师必须知道一套展示灯具到被照物之间的距离。这种方法只适用于单套射灯，对于洗墙灯等其他照明形式不适用。

1. 算出灯具到被照物的距离，然后计算其平方值。
2. 将结果乘以目标照度，计算得出发光强度的近似值。

比如，设计师想要照亮一幅 90 cm 见方的油画，并设定照度为 50 lx。根据天花高度，灯到油画的距离大概是 1.5 m。经计算所需光源发光强度为 1 250 cd。

查找光源列表（表 7.3），找出符合要求的光源。接下来确定光束角有点困难，设计师要根据油画的尺寸来选择。很多厂商会提供重点照明灯具的技术参数（图7.8），让设计师更容易判断。

功率密度法

案例1：教室照明

见图 7.4。

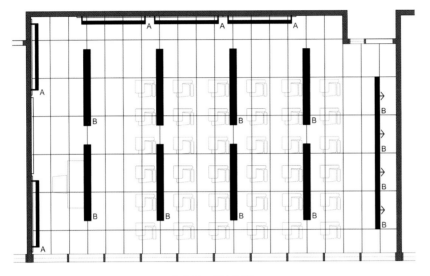

图7.4 教室示例

A 面积：74.32 m²
平均照度水平：500 lx
表 7.2 中查得功率密度：10.76 W/m²（LED），12.91 W/m²（荧光灯）。
灯具选择：直接加间接荧光吊灯，带两根 32 W T-8 灯管（图 7.5）。

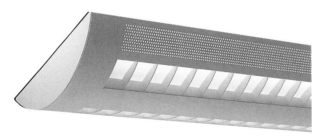

图7.5 直接加间接吊灯
（图片来源：Acuity Brands 照明公司）

将面积乘以功率密度：

$$74.32 \times 12.91 = 959.47 \text{ W}$$

再用总功率除以单灯功率：

$$959.47 \div (32 \text{ W} \times 2) = 15 \text{ 套灯具（至少）}$$

案例2：剧场照明

见图7.6。

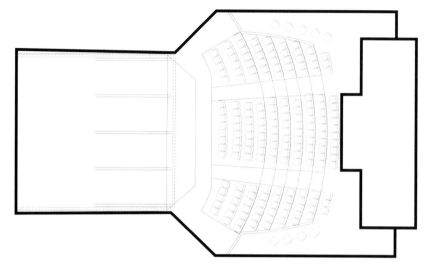

图7.6　剧院示例

面积：278.71 m²

需要的平均照度：100 lx

表7.2中查得功率密度：10.76 W/m²（卤素灯），2.15 W/m²（LED）。

灯具选择：嵌入式卤素筒灯，功率有60 W或100 W。

将面积乘以功率密度：278.71 × 10.76=2 999 W

再用总功率除以单灯功率：

2 999 ÷ 60=50套灯具或者　2 999 ÷ 100=30套灯具

案例3：教室照明

面积：74.32 m²

需要的平均照度：538 lx

灯具选择：直接加间接荧光吊灯，带两根32 WT-8灯管。每根灯管光通量2 850 lm。

将设计照度乘以2：

538 × 2 =1 076 lx

将结果乘以房间面积：

1 076 × 74.32 ≈ 80 000 lm

再用总光通量除以每根灯管套无灯的初始光通量：

80 000 ÷（2 850 × 2）=14套灯具

我们再来看同样的教室，仍然用同样的平面（图7.4），设计师要验证某款灯具的照度是否足够。

面积：74.32 m²

需要的平均照度:538 lx

灯具选择:直接加间接荧光吊灯,带一根 54 W T5HO 灯管,光通量为 5 000 lm。

灯具数量:16

用总光通量除以面积:

(5 000 × 16)÷74.32 =1 076 lx

再将结果除以 2:

1 076 ÷ 2=538 lx

案例 4:酒店多功能厅

见图 7.7。

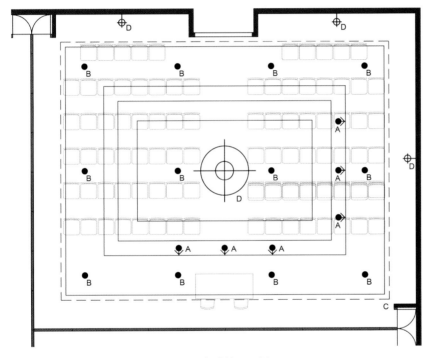

图7.7 多功能厅示例

面积:111.48 m²

会议功能需要的平均照度:322.8 lx

灯具选型:

• 10 套筒灯,每套光通量 2 000 lm。

• 1 套枝形吊灯,有 24 盏 400 lm 的光源。

• 线槽灯,装有 28 套 3 000 lm 的荧光灯。

计算整个房间的总光通量:

筒灯:10 × 2 000=20 000 lm

吊灯光源:24 × 400=9 600 lm

荧光灯管：28 × 3 000 lm= 84 000 lm

总计 =113 600 lm

将总光通量除以面积：113 600 ÷ 111.48=1 019 lx

再将结果除以 2：

1 019 ÷ 2=509.5 lx

要记住 509.5 lx 代表的是近似值，还要注意一点，如果所有荧光灯都关掉，照度值仍然有 107.61 lx 以上，这对于正常的晚宴和舞会来说已经足够。事实上，这正是多层次照明和照明控制的意义所在。

表7.3　光源发光强度比较

光源	发光强度（单位：cd）	光束角
50 W 低压卤素 MR16 光源，泛光	1 500	40°
20 W 低压卤素 MR16 光源，窄泛光	2 300	24°
7.5 W 低压 LED MR16 光源，泛光	1 310	36°
38 W 高压卤素 PAR20 光源，泛光	1 300	30°
11 W 高压 LED PAR20 光源，泛光	1 600	36°

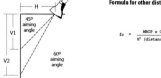

LAMP PERFORMANCE DATA

All data was calculated from each lamp manufacturer's published data and is subject to normal lamp variations. Maximum footcandle is usually at the aiming point, but not always on wider spread lamps. Lamp data supplied by manufacturers is approximate, and individual lamp performance may vary.

ACCENT LIGHTING ANGLE PERFORMANCE DATA

				DISTANCE LAMP TO LIGHTED SURFACE		2 FEET V1 (FT) 2		4 FEET V2 (FT) 7	
				DISTANCE DOWN TO AIMING POINT					
Lamp No.	Watts	Type	MFG.	Beam Width (°) to 50% MBCP	MBCP	Aiming Angle 45° FT-CANDLES	Beam Length Width	Aiming Angle 60° FT-CANDLES	Beam Length Width
MR-16									
EZX	20	VNSP	GE	7	8200	725	0.5 0.3	64	2.0 1.0
EZY	20	VNSP	GE	7	13100	1158	0.5 0.3	102	2.0 1.0
ESX	20	NSP	GE/SY/PH	15	3600	318	1.1 0.7	28	4.4 2.1
BAB	20	FL	GE/SY/PH	40	525	46	3.4 2.1	4	19.3 5.8
EYS	42	SP	GE	20	2400	212	1.5 1.0	19	6.2 2.8
EXT	50	NSP	GE/SY/PH	13	10200	902	0.9 0.6	80	3.8 1.8
EXZ	50	NFL	GE/SY/PH	26	3400	301	2.0 1.3	27	8.8 3.7
EXN	50	FL	GE/SY/PH	40	1850	164	3.4 2.1	14	19.3 5.8
EYJ	71/65	MFL	GE/SY	24	4900	433	1.8 1.2	38	7.9 3.4
EYC	71/65/75	FL	GE/SY/PH	36	2100	186	2.9 1.8	16	15.2 5.2
AR-70									
20AR70/8/SP	20	SP	SY	8	7000	619	0.6 0.4	55	2.3 1.1
20AR70/25/FL	20	FL	SY	25	850	75	1.9 1.3	7	8.3 3.5
50AR70/8/SP	50	SP	SY	8	15000	1326	0.6 0.4	117	2.3 1.1
50AR70/25/FL	50	FL	SY	25	2000	177	1.9 1.3	16	8.3 3.5

LOCATION OF ACCENT LUMINAIRE TO PROVIDE AIMING PT. 5.5' ABOVE THE FLOOR

Clg. Ht. (ft)	60° Aiming Angle Out (H)	Down (V2)	45° Aiming Angle Out (H)	Down (V1)
8	1.5	2.5	2.5	2.5
9	2.0	3.5	3.5	3.5
10	2.5	4.5	4.5	4.5

NOTES
1 IES indicates 5.5' above the floor is an ideal viewing height.
2 Tested to current IES and NEMA standards under stabilized laboratory conditions. Various operating factors can cause differences between laboratory data and actual field measurements. Dimensions and specifications are based on the most current available data and are subject to change without notice.

Formula for other distances and aiming angles.

$$fc = \frac{MBCP \times Cos^3 \text{ (aiming angle)}}{H^2 \text{ (distance from wall squared)}}$$

		Feet out from wall (H)			
		6	7	8	9	10
Aiming angle	Cos^3	Feet down from ceiling (V)				
45°	.354	6	7	8	9	10
50°	.266	7	8	10	11	12
55°	.189	9	10	11	13	14
60°	.125	10	12	14	16	17
65°	.076	13	15	18	19	21
70°	.040	17	19	22	25	28
75°	.017	22	26	30	34	37

注：此图为美标产品特点，国内灯具请参阅国内样册。

图7.8　重点照明光源指南

电脑计算

过去,只有照明设计师和工程师会使用电脑来做照明计算,以及渲染照明效果。现在由于 3D 模拟技术迅速发展,很多建筑师也掌握了一些基本的设计工具。

在电脑软件发展早期,照明计算软件可以精确计算出室内外照明的平均数据。今天,这些软件已经可以计算出某个具体位置的准确数据。还可以模拟出房间各表面的亮度,以及墙面、天花、地面上的光斑分布情况。大部分软件都可以渲染出人视角的透视图。不过,电脑软件无法自己设计出一套照明方案,必须有设计师先完成方案设计,再用计算机进行模拟分析。

程序种类

绝大多数常用的照明设计软件采用的是一种叫"辐射着色(radiosity)"的算法。其优点是速度比较快,可以在 1 分钟左右完成一个空房间的简单计算和渲染,非常高效。"辐射着色"的主要缺陷是必须假定房间内所有表面都是亚光的,所以渲染图不够真实。

要获得更加逼真的效果图,需要采用一种更加复杂的算法程序,叫作"光线追踪(ray tracing)",这种算法会追踪从光源发出的每道光线,以及光线如何照射到各个表面,又是如何被折射和反射的。这种算法可以精确地表现物体的材质和表面质感。

有些程序会兼用两种算法,既能保证合理的速度又能提供真实的模拟。程序的渲染时间越长,效果越逼真。在有经验的人手中,这种软件非常强大,既可以帮自己检验设计,又可以给客户做效果展示。在撰写本书时,北美照明行业的标准软件是 AGI32。该软件可导入 AutoCAD、SketchUp 等软件的 2D 或 3D 图纸,既可以计算人工照明,也可以模拟自然光。

现在越来越多的建筑师和室内设计师使用 BIM 软件,它可以让整个项目团队在同一套 3D 建筑信息模型上协作,结合一些附加程序还可以做更多分析。很多BIM 软件可以计算照度并生成照片级的照明效果图。BIM 软件既可以在设计阶段对设计验证提供帮助,又可以在施工阶段做协调指导。

使用电脑软件的最大问题就是使用者必须在照明和光度学方面有丰富的知识,必须非常了解各种材质对光的影响。计算机和基本的计算只能帮助设计者复核他们的设计是否能够满足基本的要求。

室内照明设计

照明设计计算软件对所有灯具在房间内的各个点上的照度进行计算,输出结果包括:

- 房间特定位置的水平工作面照度(lx);统计数据汇总,比如平均照度、最大照度、最小照度等。
- 房间表面亮度(cd),计算时会假定室内表面都为亚光。
- 照明功率密度(W/m^2)。

输出结果通常包括一张数值图表、一张等照度图或者灰度图(图 7.9)。有些软件可以提供 3D 的黑白或彩色透视图,展现各表面的光斑效果(图 7.10)。采用光线追踪算法的软件可以输出非常逼真的效果图。

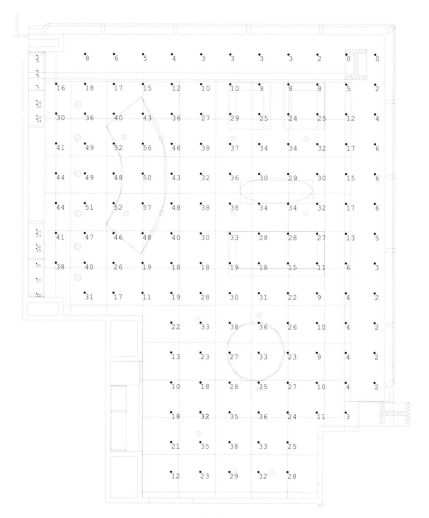

图7.9　照度点位图示例

图7.10　灰度透视图示例

室外照明

室外照明软件主要用来计算停车场、道路、人行道还有体育场等空间的照度水平。室外照明计算和室内类似,只不过更简单一些,因为不会考虑其他表面的反射。输入的数据主要包括:

- 计算场地的平面尺寸,通常用(x, y)坐标来表述,或导入 CAD 软件的图纸文件。
- 指定场地内需要计算照度的点。有些软件允许用户选定不做计算的范围,比如可以把被建筑或绿植遮挡的区域圈出去。
- IESNA 格式的灯具光度学文件。
- 安装高度、场地位置、灯具朝向以及灯具的倾斜角。
- 选定光源的光通量。
- 各种因素导致的光损系数。

输入数据

使用任何电脑程序之前,第一步就是把必需的数据输入电脑。无论是简单还是复杂的程序,都需要输入这些数据:

- 房间尺寸、工作面高度以及灯具安装高度(仅针对吊装灯具)。
- 房间内各个表面的反射率。
- IESNA 格式的详细灯具数据,通常可以在灯具厂家的网站上获取。
- 用(x, y, z)坐标表示的灯具准确位置及朝向,或者导入 CAD 软件的图纸文件。
- 各种因素综合导致的光损系数。

对于算法简单的程序,数据输入可以很快。采用类似 CAD 的命令,就可以把一个简单房间描述清楚。有时候可能还允许在空间内放置一些简单物品,比如桌子、隔断、椅子、管道等。空间内的物品可以提高分析的真实性,不过增加物品会大大延长计算时间。

对于采用光线追踪算法的软件,数据输入就很重要了。大多数软件都接受 3D CAD 数据,包括空间内的物体数据。不过操作人员必须设定好各个表面的材质和纹理,包括空间内所有的家具,并且必须输入每件家具的 3D 数据文件。日光数据也可以添加,要想获得效果真实的图片还应把场地及景观信息一并输入。

第8章 光的品质

相信大家都认同这一点，美学和心理因素是照明设计成功的关键因素。人们经常会看到，原本设计非常好的空间被劣质的照明给破坏了。反过来，原本很普通的空间可能因为非常成功、有创意的照明而带给人们惊喜。不过照明中的美学和心理因素比较特殊，因为它们看不见摸不着，很难量化。我们不去探讨高深的美学理论，只从以下几个方面探讨照明设计中重要的不可见品质。

塑形品质

我们工作和生活中所处的绝大多数空间在平面和剖面上都是长方形的，天花层高也都差不多。除非有特别的家居或者装置设计，否则这样的空间就很平淡，难以用灯光来做特殊处理。但也有些空间有自身的结构美感，比如有一段弧形墙面，或者具有多边形的形体，又或者有拱形或者圆弧形的屋顶（图 8.1~图 8.3），这时候照明就应该突出这些特殊造型。可以在弧面上创造灯光退晕，可以用光影效果强调棱角关系，还可以对墙面的古董展品做重点照明，以上都是相关手法的示例。利用照明来强化空间特征是照明设计师面对的最大挑战之一。

图8.1 弧线吧台和穹顶天花示例
（图片来源：库达摄影）

图8.2　立体天花示例
（图片来源：库达摄影）

图8.3　多边形天花示例
（图片来源：库达摄影）

光对材质的影响

如第 2 章所述,白光是由所有可见光混合而成的。人工光源发出的光包含不同强度的各种波长的光,具体可用光谱能量分布曲线来表示,如图 8.4~图 8.7 所示。光源之间的差异很大,并且波长的饱和度也比不上自然光。光源发出的光的光色和光品质会大大影响物体材质的外观效果。

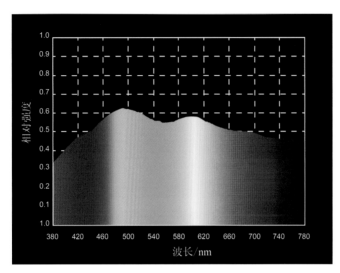

图8.4　日光的光谱能量分布
（图片来源：通用电气公司）

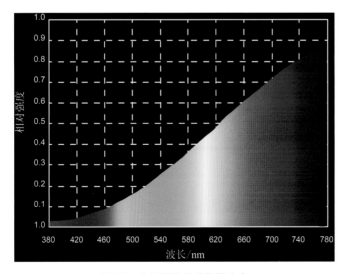

图8.5　白炽灯的光谱能量分布
（图片来源：通用电气公司）

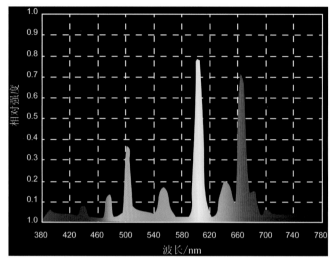

图8.6　荧光灯(3 500 K) 的光谱能量分布
（图片来源：通用电气公司）

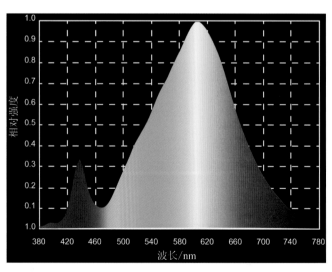

图8.7　LED (3 000 K) 的光谱能量分布
（图片来源：通用电气公司）

　　除了光源,被照物自身的物理属性也会影响观看者的观感。光源和被照物材质之间的关系是照明设计的重要内容。设计时主要考虑两大因素:反射率和透射率。

反射率

　　如第2章中所述,物体的颜色是由其反射出来的光的波长决定的。此外,材质的表面特性也会影响反射出来的光。

　　反射率的含意是从物体表面反射出来的光线占总光照的百分比。具体来说反射率的决定因素包括材质的颜色,以及光反射后光线的分布情况。如果材质是光滑的,反射光束还会是集中的,并且角度和入射角一样(图8.8)。高光或者镜面材质会产生反射眩光。如果刻意这样设计,这种效应会制造闪光和戏剧性,如图8.8所示。如果材质是亚光的,反射光将散射到各个方向上,变成均匀的漫射光(图8.9)。图8.9展示的是一面木质墙,经柔和光照亮后形成的彩色的背景。

图8.8　镜面表面照明示例
（图片来源：库达摄影）

图8.9　亚光表面照明示例

透射率

材料的透射率表示的是有多少光可以穿透该材质。材料的透射效果也会影响其颜色。如果材料是透明的，像是玻璃和塑料那样，光束的形状和方向不会改变，只是强度会减弱，减弱多少要看材质的颜色和涂层情况（图 8.10）。通常玻璃或塑料透镜是透明的，因材质不同，对光线有一定的折射或散射。这样不仅可以降低光线的强度，还可以扩展光线的范围，如图 8.11 所示。透光材料指的是会令光散射并且让光变均匀的材料。通常这种材料会吸收强光，让整个材质发出均匀柔和的光，如图 8.12 所示。

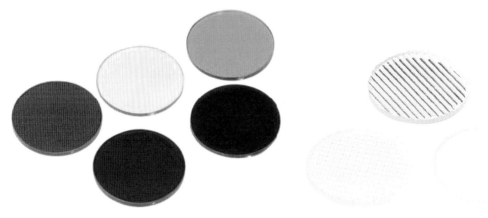

图8.10 彩色滤片示例　　　　　　图8.11 棱镜镜片示例

图8.12 透光膜示例

对比和眩光

物体的视觉效果也受到环境的影响,某些物体会被看到是因为和环境有反差。这种对比反差可以通过颜色差异来实现,也可以通过材质差异或者光照水平来体现。高对比度的照明能制造戏剧感,不过通常适用于人不会长时间停留的空间。对于人要长期停留或者视觉任务很重要的空间,高对比照明会造成眩光及视觉干扰,引起视疲劳。除了表面上光线的强对比度会造成眩光,某个空间内的光照过高时也会造成眩光。比如说阳光直射就是这种情况,可以通过采用遮阳设施来抵消,详见第 3 章。

如果光源直接出现在人的视线范围内就会造成眩光。要解决这个问题可以选择带有遮光措施的灯具,或者选择截光角大的灯具,这样光源就不会出现在人(站或者坐)的正常视线范围内了。

灯具尺度

灯具的尺度是重要的照明设计要素。适用于客厅或者私人办公室的灯具可能就不适合大型门厅或者音乐厅。天花高度对于照明很重要,比如说高空间就不能依靠普通层高常用的筒灯来提供照明。对于家居来说,都是近人尺度,灯具的尺寸也格外重要。

设计品位

设计品位是所有美学和心理因素中最令人捉摸不透的一种。社会习惯和用户期望在其中发挥着作用,比如,可移动的灯具(落地灯、台灯)在家居室内装饰中很常见,但在非家居空间中就显得格格不入;把装饰墙面重点照亮可以让房间美观很多。总而言之,在照明设计时,要仔细考虑这个空间给人的感受。照明的艺术感即创造可感知的空间品质。某些特定的空间,比如夜店、餐厅以及高级接待室,会要求特定的氛围,其中大部分是通过照明来塑造的。不过,很多不那么特别的空间,比如客厅、会议室等,也可以通过精心设计的照明而让人觉得舒适。

第2部分

设计流程

第9章 照明设计方法

前几章对有关照明设计的基础知识做了简要介绍。灵活运用这些知识,做出成功的方案是好的照明设计的核心。当面临设计问题时,设计师可以用多次试错的方式来做设计,但这显然不是合理的程序。对于任何设计问题,采用合理的、高效的、职业化的设计方法才能保证稳定地产出优秀的方案。接下来就为大家介绍合理的照明设计方法论。

好的照明设计的第一步是判断涉及对象的视觉功能和任务需求。照明设计不只是艺术问题,好的照明设计当然应该是美的、艺术化的,但并不需要神秘化,照明设计和所有的设计一样,只要通过认真的思考就有可能做出优秀的方案。

成功的照明设计的步骤

在开始照明设计之前,最好先把设计的评价标准明确下来。这个标准包括了希望设计能实现的所有效果,包括主观和客观两方面的。接下来的步骤就是把基本的照明标准应用到实际设计中。

第1步:描述

在某个照明设计的需求被明确之前,有必要先考虑好这个建筑或空间的整体外观和给人的感受是什么样的。

设计理念

照明应当看上去和整个空间是一个整体,而不是事后追加的。所以照明设计的第一步就是了解建筑或者空间的整体设计理念。

了解的同时还需要明确整个环境想要营造的氛围和给人的感受,所有的房间都有一个想要的氛围,比如客厅应该温馨,行政办公室要激发出人的雄心和斗志,医疗建筑要表现高效和职业,高端酒店大堂要表现出奢华感。

这些氛围通常是业主或用户的期望,同时也是设计师对空间的认识。把这种想要的氛围转化成灯光效果,是创造好的照明设计的关键。

这一步骤应当包括对灯光整体外观的描述及其对用户的心理效果。这样可以保证最终的照明方案能够加强整体的设计效果。这一步应当在设计流程的早期进行。

光的品质

接下来,应当好好考虑照明品质的细节,这里"细节"的意思不是说要选什么光源或者灯具,而是要考虑这个空间应当有什么样的照明效果。主要考虑以下几个要素:

- 光的品质和外观。应该选择多少色温和显色指数?
- 光的强度。这个空间总体上是需要暗一些还是亮一些的环境?
- 均匀性。照明是高对比度还是低对比度?
- 控制和灵活性。空间是否有多种功能,是否有不同的照明需求?
- 能效。客户是否有特殊的节能需求?

建筑条件和限制

第1步的最后内容是理解建筑的条件和可能影响最终设计的限制。影响照明设计最大的因素是窗户的大小和位置,以及是否有吊顶。此外,天花高度、隔断位置和材质以及室内各表面的材质都会对照明方案造成影响。

对于已有建筑改造,这些因素都要调查清楚并做好记录。现场考察是首要的,其次才是搜集相关图纸。和建筑管理者沟通可以获得重要的第一手资料。无论何种方式获得的信息,都要清楚明了地做好记录,以便后续使用。

对于仍处于设计阶段的新建筑,特别是照明设计介入比较早的项目,照明方案甚至有可能影响建筑设计的决策。照明对于建筑设计帮助最大的一点就是可以令天花排布更有序,让管道走向、机电点位更整齐。

第2步:分层

第2个步骤就是评估照明的层次,具体参见第1章。把不同的层次写下来对设计很有帮助,这份内容今后会成为重要的设计参考。

在平面图或者立面图上手绘出不同的灯光层次也是个好方法,如第1章的图1.8那样。把层次画出来有助于检验设计成果和发现新思路。

第3步:挑选

前两步完成后,设计师已经有了足够的基础资料,可以开始挑选光源和灯具了。

光源选择

第2章和第4章详细介绍了大部分常见光源的技术细节,可以将其作为参考选择合适的光源。在做决定前有很多因素需要考虑,具体的先后次序由照明设计的目标来决定。比如,画廊里用的光源,显色性是最重要的指标;但对于办公空间来说,能效是主要考虑因素。

光源的选择对灯具的选择至关重要。在大多数情况下,灯具和光源的选择是个相互影响的过程。

灯具选择

要实现设计师的美学追求,需要的技术从简单到复杂都有,灯具的选择必须支持设计的目的。照明设计师具有足够的专业知识,但要在建筑师或室内设计师的指导下根据整体设计意图来选择灯具。

出光的位置很重要,光是从上面(眼睛高度)来,还是从下面来? 光是有方向性的还是漫射的? 能否看到光源? 设计师应当参考第 1 步和第 2 步定下的基本标准来做决定。

第 1 步中我们要搜集建筑条件及限制内容,其中是否有吊顶、天花高度、供电情况等,都会影响我们的决定。我们将会在第 11 到 17 章的案例分析中,具体介绍建筑条件的细节,以及如何对照明造成影响。

灯具的构造、形状以及尺寸的细节,既要实现我们想要的出光效果,同时也要保证其外观不破坏建筑整体风格。风格的兼容性是灯具选择中的重要因素,灯具的形状、造型、材质以及颜色都要和建筑及室内装修的风格兼容。

第 4 步:协调

最后一步,设计师要将前面几步得到的设计标准综合起来,和团队进行协调,保证照明的设计、安装都符合相关规划,同时符合业主的需求和期望。

照明的量

第 7 章详细讨论了照明计算和光度计量。这些知识可以帮助设计师确定空间适合的照明水平。

灯具类型和照明水平确定好后,下一步就是研究灯具的放置。在绝大多数情况下,无论灯具是装在天花里还是吊装,都应当有序排列,形成明显的视觉逻辑。偶尔对于不规则空间或者杂乱的家具布置,也可以考虑无序的灯具排布。如第 7 章讨论的,对教室、大型办公室这样的空间,首要考虑的是提供均匀明亮的一般照明。对于大部分情况来说,要针对性地考虑每个照明问题,设计具体解决方案。

控制需求

这一步主要涉及逻辑和常识。要了解用户的交通通道、房间使用以及用户使用用的方便度,最终确定开关和控制系统。这需要多年累积的经验以及对各种控制技术的熟悉,设计出可行且令用户满意的解决方案。设计师需要时刻关注控制技术、节能技术、用户界面等领域的最新发展动态。

规范要求

最后要保证设计方案能满足所有安全、无障碍以及节能方面的需求,总共需要注意以下五类规范:

1. 电气规范,确保建筑物的用电安全。《美国国家电气规范》(《全国消防协会 70》)在美国全国通行,只有个别城市执行城市标准。其中关于照明的主要有以下几条:

- 要求照明用电线、电缆必须安全。
- 要求灯具必须是经过认证许可的。
- 明确规定了灯具的安装位置,特别是涉水的场所。
- 明确限制了灯具在易燃易爆工厂里的安装位置。

- 限制了高压灯具的使用,特别是在家居中。
- 限制了低压照明系统的使用,特别是采用裸露线缆的灯具。
- 限制了轨道照明的使用。

2. 建筑规范,确保建筑物的结构安全。对照明的主要影响在于对应急逃生通道的照明有明确要求。

3. 能源规范,确保建筑物节能高效。通常来说,能源规范对家居照明的要求比较松,对非住宅照明的要求比较严格(参见附录　节能规范设计)。

4. 无障碍规范,确保建筑物对所有人群都足够友好,包括残障人士和老龄人士。

5. 健康规范,美国有些州规定了医院等机构在特定位置提供照明的最低值。

关于照明设计步骤的总结

照明设计的四步流程可以总结如下:

1. 描述。
- 整体设计理念和环境氛围。
- 光的品质。
- 建筑条件和限制。

2. 分层。
- 评估焦点光、任务光、自然光、装饰光以及氛围照明的需求。

3. 挑选。
- 光源选择。
- 灯具选择。

4. 协调。
- 照明的量。
- 控制需求。
- 规范要求。

为了梳理这个流程,我们绘制了照明设计的标准表格,帮助设计师进行全过程管理(表 9.1)。这个表格根据四大步骤分成四大列,方便设计师使用。

整个设计过程的最后一步没有反映在这个表格里,因为该步骤发生的时间是在前四步完成很久以后。设计师如何才能知道他的设计是成功的? 完工项目的效果是否满足了客户的需求? 空间规划是否成功? 照明设计是否在功能性、舒适性以及美观性上都令人满意?

在过去二三十年里,一个新的步骤逐渐产生,叫作事后回访(POE)。POE 的概念非常简单:在项目完工并使用一段时间后去现场拜访,通过个人观察以及和使用者交流,找出哪些地方运行成功,哪些地方不好。对照明设计师来说,POE 有两个目的:(1)对效果不佳的地方进行调整;(2)从成功的地方学习经验。POE 过程对照明设计师非常重要,因为灯光本身是摸不着的,只能亲身去感受。

接下来就是把这套方法论投入实践。第 11 到 17 章会分别讨论各种不同的典型照明问题,并按不同的建筑类型来划分。和所有的设计一样,照明设计没有所谓"正确"或者"完美"的答案,设计师必须不断学习和实践来满足客户的需求。

表9.1 照明设计标准表格

项目:ABC公司总部								
空间	第1步:描述			第2步:分层				
	整体设计理念和环境氛围	光的品质	建筑条件和限制	焦点(考虑立面)照明	视觉任务	自然光	装饰照明(采用什么风格)	氛围照明
接待区	有回家的感觉但仍然是职业而现代的,温馨、平易近人	温暖柔和的光线,整体明亮,聚焦在入口和艺术品上。晚间关门后仍然明亮	入口和建筑相连,天花安装吸声矿棉板,吊顶内有机电设备	接待台后面的公司标志,座位区东侧和南侧墙面的艺术品	接待台—打字、阅读、文档整理等	没有	考虑台灯,简洁、现代风格	满足空间中基本的移动需求
私人办公室	干净、简练,促进生产效率,个性化	白色的漫射光,均匀、明亮,聚焦在艺术品上,但不要太戏剧化。高光效及自动控制很重要	吸声板天花吊顶,办公桌旁有大窗户	西侧和南侧墙面的艺术品	工作面上的任务照明	东侧墙上有大号窗户,提供遮光帘	不需要	给任务照明提供必要补充
行政办公室	干净、简练,比普通办公室更高端、更舒适,个性化	明亮的白色光,工作面上均匀照亮,但要对某些材质和艺术品进行高光表现;个性化的照明控制。光效相对次要	有大号窗户,偏好采用石膏板天花吊顶	西侧和北侧墙面的艺术品	工作面上的任务照明,访客的轻阅读	东侧墙上有大号窗户,提供遮光帘	考虑台灯,简洁、现代风格	给任务照明提供必要补充
会议室	职业而现代,同时有利于社交	温暖而明亮的白色光,能满足不同用户的需求,并能灵活控制	空间使用需要一定的灵活性,有大号窗户,同时搭配遮光帘用于放投影	展示墙和投影墙	会议桌照明,展示墙,工作面	东侧墙上有大号窗户,提供遮光帘	会议桌上方装饰吊灯,简洁、现代风格	给任务照明提供必要补充
开敞办公区	干净、简练,促进生产效率,不要太死板也不能太轻佻	白色的漫射光,均匀、明亮,并有适当重点照明,但不要太戏剧化。高光效及自动控制很重要	吸声板天花吊顶,有大号窗户	东侧墙面的大号艺术画	工作面	西侧墙上有大号窗户,提供遮光帘	不需要	满足空间中基本的移动需求

第 3 步: 挑选		第 4 步: 协调		
偏好的光源	可选的灯具类型	需要的照度水平	控制需求	规范要求
LED—焦点照明；LED 或荧光灯—任务照明和氛围照明	嵌入式灯具用于焦点照明和氛围照明；台灯用于任务照明	322.8 lx 工作面，107.6 lx 氛围	入口处有总开关,桌面有分区开关	功率密度限额 11.84 W/m²；要求有应急逃生照明
LED—焦点照明；LED 或荧光灯—任务照明和氛围照明	嵌入式可调角灯具用于焦点照明；线型吊灯用于任务照明和氛围照明	538 lx 工作面，215.2~322.8 lx 氛围	人体感应器、光电感应、调光器	功率密度限额 11.84 W/m²
LED—焦点照明；LED 或荧光灯—任务照明和氛围照明	嵌入式灯具用于焦点照明和氛围照明；台灯用于任务照明	538 lx 工作面，215.2~322.8 lx 氛围	人体感应器、光电感应、调光器	功率密度限额 11.84 W/m²
LED—焦点照明；LED 或荧光灯—任务照明和氛围照明	展示墙用灯槽直接照明；嵌入式灯具用于焦点照明和氛围照明	538 lx 工作面，215.2~322.8 lx 氛围	预设定调光系统、人体感应器	功率密度限额 13.99 W/m²；要求有应急逃生照明
LED 或荧光灯—焦点、任务和氛围照明	文件墙用灯槽直接照明；线型吊灯用于氛围照明	538 lx 工作面，215.2~322.8 lx 氛围	始终控制,光电感应	功率密度限额 11.84 W/m²；要求有应急逃生照明

第 **10** 章 照明设计文档

为了同他人交流照明设计的意图,必须用室内设计师、建筑师、机电工程师、建筑承包商都能看懂的方式来绘制照明设计图纸。在本章中,我们就详细介绍照明设计图的几个要点。

照明文档

照明文档是施工图纸以及合约文件的组成部分,目的就是告诉承包商具体施工任务是什么。法律规定了谁有资格准备合约文件。通常初始的照明平面图可能由建筑师绘制,也可能由室内设计师或者照明设计师绘制,然后图纸交给电气工程师进行电气回路设计,之后才能用来指导施工。

照明设计可以由以下方式来表达:

- 标在建筑师或者室内设计师的平面图上。建筑师或者室内设计师负责绘制空间的平面图、剖面图和部分节点图,其中很多也会表达照明的内容。灯具位置、尺寸定位等信息通常会在平面图或者天花平面图上表示。灯具的大小、安装信息以及照明和其他建筑元素之间的关系通常在剖面图和节点图上表达。
- 标在电气平面图上。这些图纸通常由电气工程师或者承包商在建筑底图上绘制,标出电气相关信息。除了照明,还包括以下信息:照明控制,例如开关和调光器;插座、接电箱的位置等,以及其他电气信息;电话接口、数据接口、消防警报以及其他弱电通信系统。

现代建筑越来越复杂,电气平面图通常会分成照明平面图、强电平面图和弱电平面图,以及图例页、节点图页和其他图纸。

底图

底图是照明设计师的重要工具,通常用平面图和天花图,或者两者的结合来表达很多照明信息。

平面图

　　照明设计通常要等建筑师或室内设计师完成了建筑平面图后才开始。平面图表示了建筑的基本信息,例如墙、门和窗的位置等。要特别注意的是,不仅安装在天花上的灯具要画在平面图上,例如壁灯、台灯、落地灯、柜下灯以及家具里的灯具等也要标记在平面图上。

　　将照明设计画在平面图上的好处是可以清晰表示出灯具和墙、家具的位置关系,以及其他信息。

天花图

　　天花图常被用作照明的底图,因为大部分照明灯具都是安装在天花上的。天花上的元素,如暖通风口(HVAC)、消防喷淋以及喇叭都是重要的灯具定位参照点。对于有拱顶或者灯槽的复杂天花,天花图能提供关键的定位信息(图10.2)。

平面图与天花图叠加

　　现代的 CAD 技术可以很容易地把平面图和天花图叠加到一起,如图10.3 所示。根据前文所述,照明是种三维的设计,经常要和空间里的特定元素对位。所以设计时需要综合考虑各个平面,不光是装灯的天花,多层次照明尤为如此。比如,在酒店大堂中,会有天花筒灯和枝形吊灯,还有壁灯、台灯、落地灯和柜下灯,都在同一个空间内。

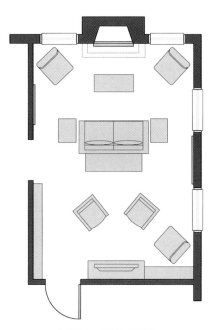

图10.1　平面图示例

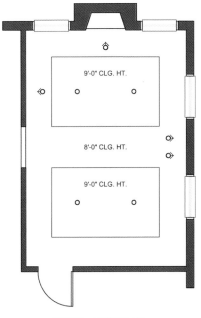

图10.2　天花图示例

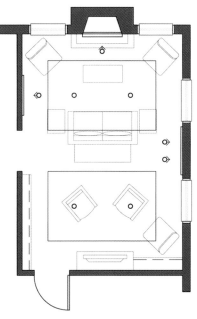

图10.3　平面图与天花图叠加

这时候就需要用包含家居信息的天花图把所有的灯具位置表达清楚。不同图层采用不同颜色可以帮助区分不同的建筑元素,便于绘图和后期检查。

照明平面图

绘制照明平面图从平面底图开始,建筑线条要比灯具线条浅。

照明符号

灯具和其他照明设备通常用符号来表示,这种手法来源于旧时手绘制图的时代。不同的符号表示不同类别的灯具,如图 10.4 所示。

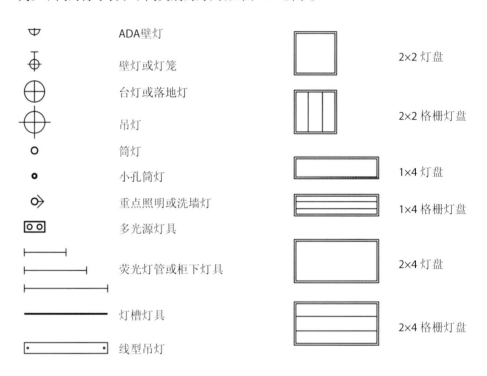

	ADA壁灯
	壁灯或灯笼
	台灯或落地灯
	吊灯
	筒灯
	小孔筒灯
	重点照明或洗墙灯
	多光源灯具
	荧光灯管或柜下灯具
	灯槽灯具
	线型吊灯

2×2 灯盘
2×2 格栅灯盘
1×4 灯盘
1×4 格栅灯盘
2×4 灯盘
2×4 格栅灯盘

图10.4　照明符号

过去符号并不是按照实际尺度来绘制的,而且通常会画得大一些,这样在平面图上容易被看到。有了现代的 CAD 技术,通行的做法是按照实际尺寸来表示灯具,这样可以让设计师判断灯具是否有足够的安装空间,也能感受其真实尺寸。建议充分利用图层的颜色和线宽,让小尺寸的灯具符号更容易被看清。

照明标号

照明标号是在平面图上描述灯具特点的注释,通常标注在灯具的旁边,或者同类灯具组合标注。图 10.5 就是这样的示例。标号可以是字母,如 A、B 等,也可以是字母结合数字,如 A1、F1a 等,有些标号还能表示灯具类型或功率。

灯具标号通常是按照字母顺序或者数字顺序排列的,项目中最常用的灯具编号为 A,接下来是 B,以此类推。对于复杂的项目,灯具类型很多,相互之间可能只有细微差别(比如光源数量不同),这时候可以用二级编号,例如 AA、AB。注意这种标注方式并不是很严谨,一定要保证图纸上的标注信息和灯参表上的能对应。

近期由于 CAD 的发展,灯具标号可以表示更多含义,比如用字母表示光源类型。

F——荧光灯或紧凑型荧光灯(CFL);

A——白炽灯具;

H——高强度气体放电(HID)灯具;

L——LED 灯具;

N——霓虹灯或冷阴极管;

X——逃生指示灯;

FX——户外型荧光灯或 CFL;

AX——户外型白炽灯具;

HX——户外型 HID 灯具;

LX——LED 灯具。

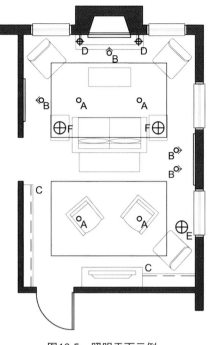

图10.5　照明平面示例

控制分区

在图纸上画出控制分区有两方面作用:

1. 设计师可以用连线或者编号的方式,表达自己想要的开关或调光分区,参见图 10.6 和图 10.7。

2. 设计师可以用连线图表达出照明如何和特殊控制设备相连接。

照明设计和电气设计之间的主要区别是:照明设计不需要表达出具体的走线,照明设计师只表达出想要的控制分区即可,而具体的电路设计、连线方式等都属于电气设计的内容。

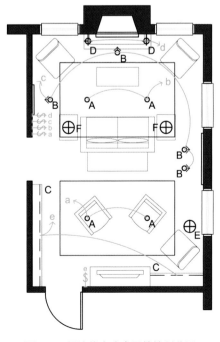

图10.6　用连线方式表示的控制分区

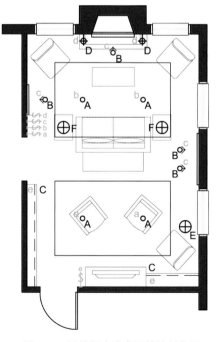

图10.7　用编号方式表示的控制分区

开关和调光

开关和调光器在平面图上用符号来表示（图 10.8 表示的是传统符号）。开关通常用标准符号表示，旁边通常会有小字标注。开关和调光器必须按照实际位置画在图上，此外还要画清楚接线方式，如前所示。

$\$$ 开关	$\$_{D3}$ 三联调光器
$\$_3$ 三联开关	$\$_{D4}$ 四联调光器
$\$_4$ 四联开关	$\$_{OS}$ 人体感应开关
$\$_D$ 白炽灯调光器	$\$_{DM}$ 调光器集成控制台
$\$_{DLV}$ 低压调光器	$\$_{DR}$ 调光器遥控键盘
$\$_{D10V}$ 低压调光器	

图10.8　控制符号

节点图

照明节点图是用来表示特定灯具的安装方式的。在照明主平面图上应该索引出节点图的位置，后面附上详细的节点图页面。图 10.9 是一个通用的灯槽节点。

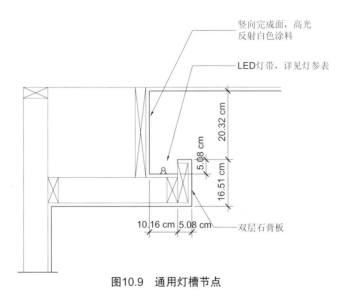

图10.9　通用灯槽节点

照明图例表和灯参表

绝大多数照明图纸都包括一份图例表和一份灯参表，图例表一般都直接放在图纸角落，灯参表有时候放在图纸里，有时候单独以文件形式打包。有时候图例表和灯参表可以合并。

照明图例表

制作图例表的目的是解释图纸中每个符号的含义,如表10.1所示。过去的手工图纸只会用少量的符号,随着现代CAD技术的成熟,符号里可以画上更多细节,因此需要更多符号。

如果符号在CAD里被定义为一个块,某些CAD软件可以赋予块特定的属性,方便后期清点数量,那么在做照明造价时将会非常方便。

表10.1　照明图例表示例

灯具图例表		
符号	标注	描述
○	A	嵌入式筒灯
◁○	B	嵌入式重点照明
— · —	C	LED书架灯
⊢⊕	D	壁灯
⊕	E	落地灯
⊕	F	台灯

电气师笔记

虽然现在用BIM软件画施工图越来越流行,但还是有必要在照明平面图上标注必要的信息。BIM的优势是检查灯具的尺寸和位置是否会和其他机电设备相冲突,此外灯具相关的信息包括光源、功率、电压等都可以存储在模型中,方便设计团队的其他成员查看。

灯参表

制作灯参表的目的是给每种灯具做详细介绍,灯参表应包含以下信息(表10.2):

- 标号。
- 灯具的简要描述,包括尺寸、材质和表面处理。
- 厂商及样册编号。
- 灯具的光源,包括种类和功率。
- 电压。
- 安装方式。

灯参表中还应当包括一些附加信息,比如:

- 节点图索引。
- 驱动、镇流器或者变压器参数,以及调光要求。
- 特殊要求,比如附加配件和透镜。

表10.2　照明灯具参数表示例

标号	描述	厂商	样册编号	光源			电压(V)	安装方式
				数量	类型	功率(W)		
A	LED 嵌入式筒灯,开孔尺寸 10 cm,白色反光罩及边框,自带调光驱动	ALighting	DN-123	1	LED 3 000 K 90CRI	10	120	嵌入式
B	LED 嵌入式可调角度重点照明灯具,开孔尺寸 10 cm,白色反光罩及边框,自带调光驱动	ALighting	AA-123	1	LED 3 000 K 90CRI	10	120	嵌入式
C	LED 灯带,嵌入书架安装,分体式调光驱动	B Lights	LED Tape-123	—	LED 3 000 K 90CRI	12	120	表面安装
D	壁灯,带玻璃散射罩	Decora Lighting	WS-123	1	LED A19 3 000 K 90CRI	9	120	表面安装
E	落地灯,布艺灯罩	Decora Lighting`	FL-123	2	LED A19 3 000 K 90CRI	9	120	插头安装
F	台灯,布艺灯罩	Decora Lighting	FL-123	2	LED A19 3 000 K 90CRI	9	120	插头安装

照明灯具参数表

第3部分

应用及案例研究

第11章 家居照明设计

家居照明设计有其独有的特点,有些特点也能应用到一些非家居空间中,例如小型商务接待间或者私人办公室,提高舒适度。

绝大多数人对家居空间很熟悉,对传统的家居照明也已经习惯了,很难从新的角度去考虑它。这点既有正面作用也有负面影响,优势在于我们能很好地理解大部分人对于家居照明的期望,负面影响是很难做出创新的方案。

照明设计的第一步是判定出视觉任务。由于家居中的视觉任务稀松平常,有时候很难从新的角度去认知和分析。在确认了视觉任务后,就应当按照第9章介绍的方法论逐步实施。设计师不应当认为传统的家居照明设计手法是最好的或者最合适的,因为传统手法也可以借助新技术或新产品进行改进。最明显的例子就是现在有很多 LED 灯具可供家居使用。

家居空间通常是私密的,照明设计也应当符合其功能需求。设计的个人化直接和想要的空间情绪相关,比如入口门厅处要给人宾至如归的感觉,家里需要自然采光和良好的视野,要有一个亲密交谈的区域,还要有就餐区。家居照明还有个特点就是复杂的视觉任务只会在局部固定的地方发生,比如厨房的备餐区、卧室的梳妆区、缝纫区还有写字台等。

传统家居照明设计中一个最大的特点就是白炽灯的大量使用。随着 LED 灯具的发展和改进,LED 的应用越来越广泛,而且美国国家法规也对白炽灯做了限制。家居照明的另一大特征就是使用很多可移动灯具——台灯和落地灯——这样显得更私密更方便。这和商业照明、办公照明很不同,后两者更强调正式感。

家居照明有些公认的禁忌,主要是为了避免非家居氛围的出现。比如在家居照明中很少见到办公照明里常用的荧光灯盘。另外,像吸声板天花这种做法在家居中也很少用。不过有时候设计师也可以花点时间来思考下,到底是什么原因限制了它们的使用。现在有些荧光灯具其实也适合用在家居中了。有些吸声板天花厂家在努力开发适合家居使用的产品。

家居照明中也很少会有规范和标准问题。目前节能规范主要针对的是非家居建筑,对家居照明几乎没有要求。尽管如此,设计师还是应当有一定的社会责任感,不能在家居照明中随意浪费能源。减少使用白炽灯和多采用节能控制设施是两种主要的节能做法。类似的,关于残障人士无障碍的标准也没有对家居空间提出要求,但是设计师不应当忽视相关问题。

和其他建筑类型相比,家居建筑通常比较简单,功能也比较有限。基本上都是由客厅、餐厅和备餐区、洗浴厕所以及卧室等组成。有的家庭可能还会有书房、音乐室或手工坊等特殊房间,但通常不会超过两种。

家居项目规模可大可小,预算变化也很大,两个极端都会带来问题。设计小房子的灯光和大豪宅的灯光一样很有挑战。本章中所提供的案例分析属于中型规模的情况。我们希望所介绍的方法尽量能通用一些,可以适用于更多种类的房型布局和功能。

案例研究 1——客厅、餐厅、厨房照明

图 11.1 展示的是一个包含客厅、餐厅、厨房的综合性空间的平面图,整个采用的是开放式布局,具有复合功能,在现代家居中很典型。由于其多功能性,照明也要具有灵活性。由于每个区域都有不同的照明功能和需求,最好在设计时就分区考虑。

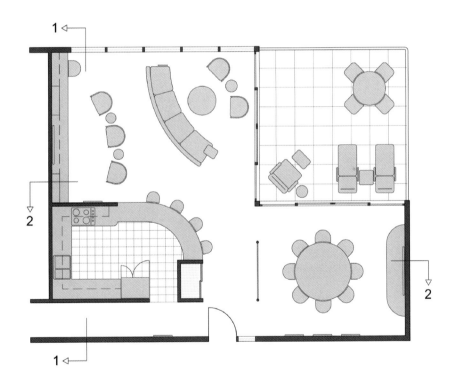

图11.1　客厅、餐厅、厨房平面图

入口区

入口区很重要,因为它们对后续空间有引导作用。本项目中,入口区很小,可以一眼看到整个客厅、就餐区以及吧台区。这个空间仅有交通功能,只是一个转换通道,没人会在这里长待,但需要让人感觉到舒适。

虽然这个区域很小,并且视觉任务很简单,但还是要充分考虑。

- 入口需要焦点照明,创造视觉趣味,并且要让住户感受到整个家居照明的审美特点。
- 在衣柜附近需要任务照明,以便住户可以方便地选择外套等衣服。
- 入口区域通常都有装饰照明,也可以通过对建筑特征做重点照明来表现。
- 需要一定的氛围照明。

图 11.2 所示的照明设计方案用以下几种方式满足了视觉任务:在入口区域提供焦点照明,采用定制的装饰隔断、玻璃或者亚克力材质,内部有灯光打亮。这同时也成为整个空间的装饰照明。

- 直接在衣柜内部上方设置一套线型灯具,提供任务照明。
- 在入口走廊两端设置嵌入式筒灯,照亮墙面提供氛围照明。

对于入口区的灯具布置如图 11.2 所示,灯具选型如下:

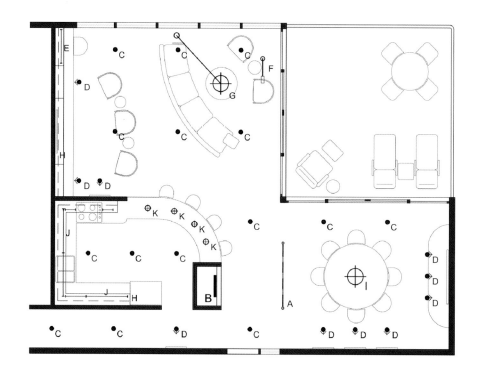

图11.2　客厅、餐厅、厨房照明平面图

A. 玻璃或亚克力板装饰照明。在材质边缘集成一条小尺寸的线型 LED 灯带,照亮整块板。照明效果对细节要求很高,提前测试灯具和材料很重要。

B. 衣柜灯。在衣柜内部的顶部安装一个小型的线条 LED 或荧光灯具,照亮衣柜内悬挂的衣物。这个灯可以通过衣柜外的开关来控制,但更好的做法是在灯具上设置人体感应器或者采用和衣柜门联动的灯具开关,随着衣柜门的开合自动打开或关闭。

C. 嵌入式筒灯。采用宽光束的光源制造氛围照明,如白炽灯或 LED;目前这个区域的天花图上只画了 A、B 和 C 三种灯具。

客厅区

客厅区的视觉任务有的很简单,有的很复杂,具体取决于空间功能。比较稳妥的做法是创造出足够明亮的环境氛围,让人可以在空间里舒服地随意移动。如图11.1所示,客厅空间不大,布局很紧凑,可以满足多种需求。照明设计也要足够灵活,所有灯具都需要调光控制。客厅里以下视觉任务需要被满足:

- 西面墙上的书架、艺术品需要焦点照明;南侧靠近厨房吧台的墙面上以后可能会挂艺术品,需要照明。西侧墙上的焦点照明不能对墙中间的电视机造成干扰。
- 西北角的办公桌需要任务照明。此外东北角的沙发可能用作阅读椅,也需要任务照明。
- 要通过装饰照明让整个空间更柔和,以便创造更亲密的气氛。
- 北侧和东侧都是大落地窗,可以适当考虑增加遮阳处理,在需要时降低自然光强度。
- 这里是交谈、社交的区域,需要氛围照明。家具的排布清楚地围合出交谈的区域,同时也限定了该空间的人流动线。照度水平可以从低到高调节,根据用户的需求来定。在这种灯光条件下无法进行复杂的、长时间的视觉任务。

图11.2~图11.4展示的照明设计方案通过以下方式突出视觉任务:

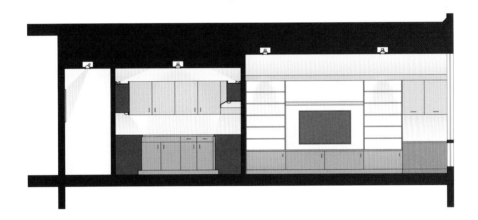

图11.3　厨房及客厅剖面图

图11.4　客厅透视图

- 西侧墙面书架和艺术品的焦点照明通过顶部可调角度的重点照明筒灯来提供,方向直接对准两个立面。此外,还有一套可调角度灯具用来照亮南侧厨房吧台旁边的墙面。
- 西北角办公桌上的任务照明通过书柜灯来实现。东北角阅读区的照明采用转臂式落地灯来提供,外形经过精心选择,和整个建筑和家具的外观相匹配。
- 在圆形咖啡桌区域,选择了大型的悬臂装饰灯具,可以在交谈区的中心人眼高度位置创造柔和的光晕。
- 在整个空间上方有六套筒灯,可以提供均匀的氛围照明。此外书架顶端还有间接照明的灯槽,洗亮天花。这两组独立的氛围灯光可为照明提供额外的灵活度。

如前所述,这里提供的多层次的灯光满足了现代客厅的多种需求。为了最大化实现空间的灵活性,最好每个层次都单独设置开关,加设调光器更佳。由于调光器数量比较多,所以可以考虑采用预设定的调光系统。

对于客厅区,图 11.2 所示的灯具布置,具体灯具选择如下:

C. 嵌入式筒灯。提供宽光束的氛围照明,建议用光效较高的 LED 光源。

D. 可调角度重点照明灯具。嵌入式可调角度筒灯照亮书架和艺术品,其内部有瞄准机制,可调节投射方向。内部需要点光源,低压卤素灯或者 LED 比较合适。

E. 书柜灯。在书柜隔板的下方安装了一个小尺寸的线型 LED 灯带,提供任务照明。最好在隔板下方凿出一个小的灯槽,将灯具隐藏其中。

F. 转臂落地灯。这个灯具给阅读区提供直接照明,同时光源有遮光措施避免眩光。优先选择 LED 光源的产品。

G. 大型悬臂落地灯。采用这种灯具,既可以创造类似于吊灯的氛围灯光,又可以解决某些场合不具备安装吊灯条件的问题。图 11.4 中可以看到这款灯具的大致形状,外壳是不透明的,不过也可以考虑用透光材料做灯罩,增加一些光晕。

H. 间接灯槽。在书架顶端后部的小段 LED 灯带在天花上照出光晕,避免安装在前端形成阴影。

虽然白炽灯仍在大量使用,但我们还是尽量多选用 LED 光源。

对于灯具的选择,主要要求是外观和造型上符合建筑以及室内设计的整体风格,尤其是表面材质,尽量和整体材质相匹配。

餐厅区

餐厅区照明氛围最重要。情绪的塑造排在照明需求的第二位,仅次于满足视觉任务的需求。另外,这个氛围应是可变的。一个就餐空间有时需要正式而明亮,有时需要亲密而浪漫,还有时需要休闲和放松。

就餐区的视觉任务在绝大多数时间里都很简单,对于图 11.1 中的餐厅区,主要视觉任务是:

- 东侧和南侧墙面需要焦点照明,那里经常会展示艺术品,需要充足的照明。同时我们也会发现,之前用来分隔入口区和就餐区的发光板在这个空间显得没那么重要了。
- 餐桌上方需要任务照明,以便就餐的人可以看清食物,同时看清彼此的脸。如果有备餐区,那么也要提供足够且合适的灯光以便让使用者可以工作。
- 餐桌上方的装饰照明要突出餐桌的中心地位,也在人眼高度提供光晕。
- 和客厅区一样,北侧的大落地窗可以提供充足的自然光,也需要搭配合适的遮阳设施。
- 房间周围需要氛围灯光,避免环境过于昏暗,显得餐桌周围很空洞。

图 11.2、图 11.5 以及图 11.6 中表现的照明方案通过以下手法来满足视觉任务:

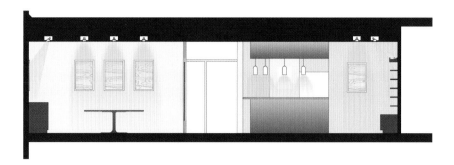

图11.5 厨房及餐厅剖面图

图11.6 餐厅透视图

- 焦点照明:沿墙面安装两组各三套可调角度筒灯,提供焦点照明。这种重点照明灯具可以提供充足的反射光,既能满足备餐区的工作需求,也可以在房间周围创造氛围灯光。
- 任务照明:由餐桌中央上方的装饰性吊灯来提供。这种手法在满足照度需求的同时,还强调了整个餐厅的几何形状。考虑到空间里悬挂的艺术品,这个吊灯可能会造成一定的负面影响,抢走人们对艺术品的注意力。
- 氛围照明:北侧空间通过一排两套筒灯来实现。餐厅区西侧的氛围灯光来自用来区分餐厅区和入口区的内发光装饰板。

由于氛围对就餐区很重要,所有灯具都必须用调光开关进行控制,以便通过各种灯具不同强弱变化的组合创造出不同场合需要的灯光情绪。

对于就餐区,图11.2中所示的灯具选型如下:

C. 嵌入式筒灯。提供宽光束的氛围照明,建议用光效较高的 LED 光源。

D. 可调角度重点照明灯具。嵌入式可调角度筒灯照亮艺术品,其内部有瞄准机制,可调节投射方向。内部需要点光源,低压卤素灯或者 LED 比较合适。

I. 装饰吊灯。如图11.6所示,这款吊灯可以给餐桌提供任务照明,也给天花提供了氛围照明,还给空间增加了现代风格的装饰元素,有多种 LED 光源的选型可供选择。

灯具的品质感和风格必须和整个建筑及室内设计一致,尤其是节点做法和材质,从传统的水晶及切割玻璃材质,再到高科技的材料和手法。灯具外观的选择是最困难的一步,因为这涉及美学、风格和品位。只有经过长期试错积累的经验才能让设计师提高审美能力。

厨房

除了少数特殊情况,绝大多数住房都带有厨房功能,这也是照明设计要求最高的部分。厨房需要进行很多复杂的操作,同时还伴随很多危险,因为这里有尖锐的刀具、滚烫的液体和炽热的锅子。图 11.1 所示的厨房包含了绝大多数厨房中都有的功能照明问题,具体的视觉任务描述如下:

- 焦点照明在一个功能为主的空间里不占中心地位,但考虑到从厨房往外看出去的视野,仍然需要仔细处理。
- 厨房里主要的视觉任务都发生在吧台,包括工作台表面、水池、炉灶等。有时候就餐吧台也会用来处理食物。
- 次要的视觉任务是要看清楚吧台上方的橱柜和架子。吧台下方的橱柜使用也很重要,只是厨房照明很少会专门为此布置灯光。另外我们也需要看清楚烤箱和冰箱内部,只是电器或厨具厂家通常会在内部配好灯具。
- 厨房里需要适度的氛围灯光,来打造舒适的空间环境。普通的氛围照明手法往往是在厨房中央顶部装射灯,这会导致人的阴影投射到工作面上,从而影响操作。
- 为了避免在工作台上形成阴影,必须在工作台上方设置强劲的直接照明,满足视觉任务的需求。

图 11.2、图 11.5 中表现的照明方案通过以下手法来满足视觉任务:

- 任务照明:除了烹饪台,其他的任务照明都依靠柜下灯具照亮所有的台面和水池来实现。大部分顶柜下方都有前挡板,用来遮挡灯具,以实现"见光不见灯"。灶台上方的油烟机通常都自带灯具,自然满足了灶台的任务照明。
- 就餐吧台的照明更复杂一些。吧台上方的四盏吊灯可以满足备餐和用餐的功能需求,同时也给厨房的东侧提供了氛围照明。考虑到它们的位置,这些吊灯也成了空间里重要的装饰元素。客厅空间搞某些活动时,可能需要把这几盏吊灯调暗或者关掉,因此这些灯具需要调光开关。
- 厨房橱柜顶部的连续暗藏灯带提供了氛围灯光,另外三套居中均匀排布的筒灯也能提供氛围照明,同时让人可以看清上方的橱柜。

在房间入口设置标准开关(非调光)是最常见的做法,不过建议给非任务灯具设置调光器。

对于厨房,图 11.2 中所示的灯具选型如下:

C. 嵌入式筒灯。提供宽光束的氛围照明,建议用光效较高的 LED 光源。

H. 间接灯槽。橱柜顶端小段 LED 灯带在天花上照出光晕,避免安装在前端造成阴影。

J. 柜下灯具。在橱柜下方沿台面延伸方向安装直接照明灯具,建议采用 LED 或者荧光灯,隐藏光源以避免产生眩光。建议灯带选择有表面透镜的型号,可以避免灰尘和油污积存。对灯具的色温和显色指数的选用要特别留心,以便更好地表现食物。

K. 就餐台吊灯。如图 11.5 左半边所示,选用的吊灯是简单的圆柱造型,直接下照出光。装饰性带有透光灯罩的吊灯也可以,建议光源用卤素灯或 LED。

案例研究 2——浴室照明

浴室里的视觉任务通常比较简单,可控而且都是有目的性的。通常照明需求就是梳妆和剃须需要的任务照明、洗浴时候的氛围照明以及短时间阅读的照明。在小型浴室中,照明设计除了安装细节和色彩选择外通常不太考虑空间美感。有关浴室照明还可以参考案例研究 3(卧室照明)以及案例研究 19(酒店套房照明)。本案例图 11.7 中的浴室是普通浴室的几倍大,有充足的日照、独特的空间品质,因此需要更加复杂的照明设计方案。需要解决的视觉任务列举如下。

- 浴缸需要焦点照明,突出其奢华质感。
- 两个盥洗池以及中间的梳妆区需要任务照明,必须有足够照度以便看清皮肤和胡须细节。整个灯光应当创造几乎无影的效果,避免遮挡视线。
- 像这样的大型浴室通常需要设置一些装饰照明来衬托任务照明和氛围照明。
- 北侧墙面的大窗户提供了充足的自然光,以及完美的视野。到了晚间室内的情况会被外面看到,所以要设置窗帘保护隐私。
- 氛围照明的需求更加丰富,主要分布在浴室的三个区域:

房间中间的开阔区需要柔和的氛围灯光,由于浴室面积很大,无法靠周围墙面的灯具获得足够照度;淋浴房需要专门的氛围照明;马桶间需要氛围照明,以满足短时间的阅读需求。

图 11.8 和图 11.9 中展示的照明方案通过以下方式来满足视觉任务:

- 圆形浴缸区的焦点照明:在天花上开一个直径 1.5 m 的架空天花,周围设置间接灯槽,洗亮整个天花。此外在圆形灯槽两侧安装嵌入式洗墙灯,照亮浴缸两侧的墙面。
- 镜子前梳洗、剃须的任务照明:沿着东侧墙面设置六套竖向壁灯,每个镜子两侧各一套。这是浴室照明的最常用照明手法,这样的灯具布置可以提供几乎无阴影的照明,而水池顶部的筒灯是无法达到这样的效果的。
- 浴室中央区域的氛围照明:通过五套筒灯实现。淋浴房顶部有一套嵌入式防雾筒灯,而马桶间内在西侧墙面上安装了一套壁灯,高度是离地 2 m 左右。

虽然大多数浴室都采用标准开关(非调光),但像这种灯光层次很多的大型浴室还是建议采用调光控制。这样用户可以根据使用情况改变房间的氛围。

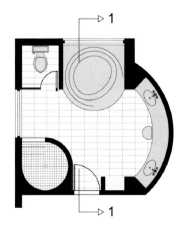

图11.7　浴室平面图

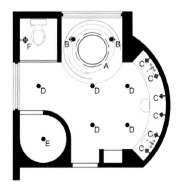

图11.8　浴室照明平面图

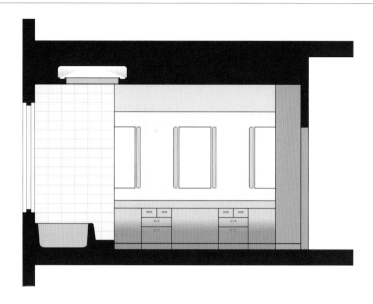

图11.9　浴室剖面图

图 11.8 中所示的灯具选型如下：

A. 圆形灯槽。建筑在天花上预留一圈灯槽将灯带隐蔽安装，在天花发出光晕。

B. 洗墙灯。嵌入式安装，采用非对称配光和透镜，提供氛围照明，内部采用白炽灯或者 LED。

C. 浴室壁灯。竖向安装的壁灯，紧贴在浴室三面镜子的两侧，提供平面的、无影的灯光。常见光源是白炽灯、卤素灯或者 LED。光源必须有优良的色品质，以衬托人的肤色，色温在 2 700 ~ 3 000 K，显色指数为 90。这些要求适用于浴室里所有灯具的光源。

D. 筒灯。宽光束出光，提供氛围照明，可选用白炽灯或 LED 光源。

E. 浴室筒灯。虽然只要是防潮型灯具就能满足要求，不过建议选择防护等级更高的灯具，这样可以进一步延长使用寿命。建议选择宽光束的光源，保证照亮整个淋浴房的瓷砖墙面。

F. 墙面壁灯。透光材质外壳的灯具，给空间提供氛围灯光。

浴室灯具的品质感和外观相对来说可选范围不多。由于环境潮湿，对灯具选型增加了很多限制。灯具外观的选择是最困难的一步，因为这涉及美学、风格和品位。只有经过长期试错积累的经验才能让设计师提高审美能力。

案例研究 3——卧室照明

关于卧室设计有两条通行规则，照明设计也同样适用：

1. 必须有利于睡眠。

2. 卧室应当是个安静的港湾，让人可以从相对更活跃、社交活动更多的环境中逃离。

小卧室可能只是个睡觉和换衣服的地方，有时候也可以阅读、看电视、写信或是写作业。稍大些的卧室通常还会搭配一小块沙发区，或是一张写字台，或是健身区。因此卧室照明通常要具有多种功能，能同时满足卧室里两个人的不同需求。图 11.10 中所示的卧室就具有多种功能:睡眠、更衣、床上阅读、看电视、简单办公、亲密交谈,还有在休闲椅上阅读。虽然面积不大,但这个卧室仍然需要多种功能照明。

具体视觉任务如下:

- 焦点照明。在东侧和南侧墙面上挂着的艺术品需要重点照明。
- 任务照明。卧室中通常需要满足三种视觉任务:床上阅读、简单办公、休闲椅上阅读。衣帽间里的衣物应能看清楚,颜色要准确;衣帽间旁边是一面全身镜,需要准确投射的灯光。可以在附属的卫生间里进行一些梳妆和剃须的工作,这在案例研究 2 里已经讲过。
- 日照在这里不是太重要,不过需要对窗户做遮阳处理,避免影响睡眠和看电视,也是为了保护隐私。
- 卧室里的装饰照明既要能满足任务照明,也要能提供氛围灯光。
- 氛围照明要满足几项视觉需求,包括换衣服、在沙发区交谈,还有看电视。卫浴间需要适度的氛围照明以满足洗浴和短时间阅读的需求。
- 看电视。如案例研究 1 中所述,看电视的时候的照明需求通常会和房间里其他的照明需求相冲突。如果要满足看电视的需求,房间里的照明整体上应当是可调节的,而且要简单方便。

图 11.11~图 11.14 中表现的照明方案通过以下手法来满足视觉任务:

- 焦点照明:通过安装在天花上的对准墙面艺术品的可调角度重点照明灯具来实现。
- 任务照明:在床两侧分别设置悬臂壁灯;灯具要仔细选取,避免灯光过多逸散影响床伴的休息。另一种常用的手法是在天花上安装两套可调角度的筒灯,以提供阅读照明。层板下方的灯具很适合办公照明。沙发区旁边的落地灯可提供优质的阅读灯光,同时可以个性化调节。在全身镜上方安装一套壁灯就可以满足试衣的需求。衣帽间内顶部

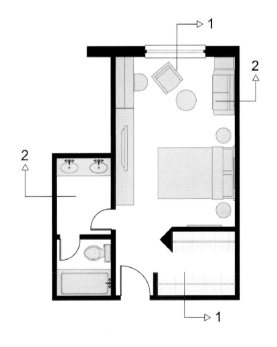

图11.10 卧室平面图

图11.11 卧室照明平面图

安装嵌入式透镜筒灯,足够看清内部的衣物以便挑选,同时不会产生强烈的阴影。盥洗区的梳妆、剃须需求可以通过在镜子两边安装竖向壁灯(详见案例研究 2)满足,能够提供均匀且无阴影的灯光,同时还保持了整体温馨的家居氛围。

- 氛围照明:有几种光源共同提供氛围灯光。全身镜前的壁灯会在人进门时立即启动,可满足基本的行走照明需求。桌上的两套台灯可提供柔和的氛围光,同时在没有任务照明的两处地方提供视觉亮点。所有的任务灯具(床边灯、台灯以及沙发椅旁的落地灯)都可以选择性地开或关,以便进一步烘托整体气氛。卫浴间里的筒灯可以满足这个小区域里的简单需求。

- 看电视:根据观看角度不同,对应位置的灯具要关掉,避免强烈的反射。同时其他灯具可以调光至较低的水平。

因照明功能以及照明方式的多样性要求控制也是多样化的。如前所述,全身镜前的壁灯提供了基本行走所需的照明,因此要在紧靠卧室门口的地方设置开关。要在两个地方设置插座,其中一个是电视机旁边,给台灯供电;另一个位于房间东北角,给落地灯供电。整体照明设计可提供温暖的氛围灯光。美国电气规范要求在每个卧室里设置至少一个带开关的插座。

图 11.11 中所示的灯具选型如下:

A. 床边悬臂壁灯。提供阅读照明,方便个人控制和调节,同时在人眼高度创造亮点。建议选择 CFL 或 LED 光源,发热少。如果换成两套筒灯的方案,必须要选择窄光束角的型号。建议选择低压 MR16 或 LED 光源。

B. 柜下灯。小尺寸线型 LED 灯带,安装于橱柜的下表面。设计师建议设计一个灯槽,以便隐藏灯具。

C. 入口的壁灯。漫射光灯具,提供照镜子时的照明,建议用白炽灯或 LED 光源。

D. 可移动落地灯。提供阅读照明,方便个人控制和调节,建议选择 CFL 或 LED 光源。这里不需要在人眼高度发出光晕。

E. 衣帽间筒灯。嵌入式筒灯,带棱镜面板提供遮光,建议选择 CFL 或 LED 光源;整体细节要和卧室装修风格一致。

F. 浴室灯。适当长度的竖向壁灯,紧靠镜子两侧安装,提供均匀、无影的灯光。通常采用白炽灯、卤素灯或 LED 光源,光源的色品质要突出皮肤色调,建议为 2 700～3 000 K,显色指数 90 以上。

G. 台灯。灯罩的大小和尺度要在立面图里仔细核对,建议采用透光材质的灯罩,直接加间接出光组合。通常采用白炽灯光源,可以考虑换为 CFL 或 LED 光源以减少发热量。

H. 洗浴灯。宽光束角出光,建议采用 LED 光源。光源选择必须考虑整个卧室颜色的一致性,以及优秀的显色性,出光要柔和,避免产生过于生硬的阴影。

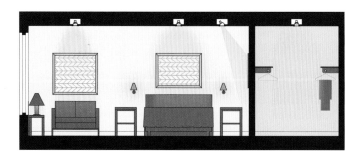

图11.12　卧室剖面图一

图11.13　卧室剖面图二

图11.14　卧室透视图

第12章 办公空间照明设计

我们的工作岗位逐渐以服务行业为主,越来越多的人在办公室或者类似的办公环境中工作。除了我们通常所说的办公楼,绝大多数非住宅建筑中也都有办公室或类似房间。

由于办公空间是如此普遍,所以配套的照明设计逐渐变得极简和公式化。办公楼一般采用通用的装修方案,因为楼里的租户经常变动。办公室的设计,包括其中的照明,必须能够满足绝大多数租户的需求。因此我们看到,几乎所有办公室都采用吸声板天花吊顶,可以放置 600 mm × 600 mm 或者 600 mm × 1 200 mm 这样的荧光灯盘,也让天花内的管道设备检修很容易操作。当然这远不是最理想的照明方案。

对于大多数工作环境,工作效率都是第一位的,照明的目的也是要促进这一点的实现。具体来说,视觉任务执行时应当轻松舒适,同时还要尽量提高办公室里工作者的满意度。程式化的照明方案在这两方面很难提供正面效应,我们需要更多打破常规的有创意的照明方式。

不过业主又对照明有诸多限制。显然,租户频繁的更换和随之而来的重新装修要求照明有最大的灵活性,尽量减少定制设计,节约成本,重点关注前台、会议室、高管办公室等体现公司形象的地方。

对于永久使用的办公空间,比如某些在自有大楼里办公的公司或机构,照明设计可以而且也应该多些变化。虽然天花检修仍然是刚需,但其他元素都可以更灵活些。除了吸声板外,还有很多操作方便的天花形式,装饰壁灯等也可以应用。

天花系统和照明系统的关系至关重要,绝大多数办公室里,机电管线和空调设备都是不裸露的,因此需要采用吊顶系统。通常办公天花的高度在 2.6~2.75 m 之间,在小型私人办公室,天花高度可以适当降低到 2.4 m,但在大空间里 2.6 m 算是最低的了。吊顶上方的空间高度差异很大,主要取决于建筑的结构体系。通常在高层办公楼里,吊顶内的净高大概是 0.75 m,这个高度对于装设任何灯具来说都绰绰有余。不过现在的设计主流是尽量减少吊顶内空间,提升下面办公室的层高,增加空间舒适度(从而提高租金)。

办公套间里的小块面积可以使用石膏板等非开放式吊顶,但仍然要考虑天花内管线的检修。照明设计的初级阶段还非常概念化,天花形式还没确定,因此灯具也无法选择。具体的天花形式需要建筑师参考照明设计师的意见共同决定,包括靠近核心筒和剪力墙位置的天花收口形式也需要和照明设计师共同决定。只有所有天花设计的细节确定后,才能完成最终的灯具布置。

绝大多数办公室里,都采用传统的 600 mm × 600 mm 或是 600 mm × 1 200 mm 的网格系统,网格的龙骨也分很多档次,从最普通廉价的 T 形龙骨,到视觉上更纤细(同时也更昂贵)的精细龙骨。吊顶板的花纹、材质、颜色都有多种选择,从大尺寸(1 200 mm × 1 200 mm)到特殊型号(750 mm × 750 mm,300 mm × 900 mm)都有。

传统吊顶板的替代品还比较少,但也不是没有。铝扣板吊顶逐渐流行,其优势是有多种颜色和表面处理可选。还有塑料或者织物材质发光天花,这些在需要漫射光的环境非常流行。天花吊顶制造商们现在还有很多材料可选,比如木质、金属吊顶等。虽然它们还不是主流,但在设计时要重点考虑。

近年来,开放式天花设计又逐渐流行,让整个结构顶部和机电管线直接裸露出来。由于无法安装嵌入灯具,也没有天花板提供间接反射,所以这类天花的空间常用的照明方式是吊灯和轨道灯。

大部分设计问题都会有多种解决方式,学设计的学生们对此司空见惯,在课堂上可能同一个问题会出现 10 ~ 20 种不同的设计方案。但大部分办公室照明存在一种接近最佳的解决方案,也就是使用任务或氛围灯光概念,在空间里大部分地方提供较低照度的氛围照明,然后针对视觉任务区域提供高照度的任务照明。这种方法被认为最佳是因为它提供了办公环境中最佳的视觉环境,同时由于只在局部提供高照度而节约了能量。这种设计理念对于厨房、医疗机构甚至是商业建筑也都适用。

当然,有些办公空间,例如办公大堂和休息室,通常不需要任务照明。不过总体来说,在给办公场所设计灯光时,首先应该想到任务或氛围设计法。

办公空间里通常会有很多种视觉任务,因而需要很多种照明解决方案。首要的切入点显然是先解决办公桌上的工作任务。对于现代办公室来说,办公桌主要在开放式办公区,或者隔断比较少的办公区。私人办公室的视觉任务又不相同,有更复杂的要求。对于前台区通常要给前台接待员和访客分别设计灯光。会议室里主要的视觉任务集中在会议桌上,但也有多种活动的需求。办公空间的照明需求清单可以很长很长,但无论有多少种不同房间及问题,设计师始终要铭记,设计的第一步都是先找出需要解决的视觉任务。

有一点还要提醒,办公室照明设计和其他设计一样,都是理想方案和现实约束之间的平衡。对大部分办公楼来说,有一两种灯具会被设定为建筑标准,通常不鼓励楼里的租户对原有灯具进行更换,除非租户完全不在乎成本。即使在某些公司自有的办公楼里,也会对各空间的照明手法有标准化规定。

搞清楚视觉任务后,设计师要应用第 9 章介绍的设计方法来完成整个流程。设计师要记住,绝大多数人每天在办公室里的时间大大超过在其他地方的时间,这要求办公室照明除了要关注效率、生产力的提升,还要注重人文关怀,满足使用者社交、心理等需求。如第 3 章中所讨论的,办公室里的自然光不仅能提高生产效率,还能提升用户体验。

办公室照明主要考虑的是在里面工作的员工,此外在很多商务办公楼里,对于访客的需求也要考虑到。通常访客会去的地方就只有前台、会议室以及私人办公室这几处。有时候访客也有视觉任务需求,比如会议室中简单的读写等。对于这些访客会到达的区域的照明设计要营造正面的公司形象。具体来说就是重点表现一些高档的墙面材质、展示艺术品、公司产品,或是烘托高管办公室的奢华、优雅等。

设计办公室照明时还要考虑电脑等其他设备,现在很难找到没有电脑的办公室了。显示器上的反射问题始终需要重点考虑,因此间接方式的氛围照明越来越受欢迎。个人可以控制的任务照明也尤其受欢迎。

氛围照明的品质不能被低估,氛围照明不只是满足人们简单行走和交谈的需求就够了。如果只提供均匀一致的、低照度的间接灯光,整个空间就会很死板缺乏生气。人们希望空间环境中有一些变化,均匀的低照度照明不能令人满意。氛围照明也要有一定的变化,同时在视觉终点的立面提供重点照明,以创造视觉上活泼生动的环境。

节能也是办公室照明的大问题,导致现在办公室照明主流的灯具是荧光灯管和 LED。这两种光源技术近年来发展迅猛,对应的灯具也种类繁多,几乎可以解决办公室里所有空间的照明问题。

本章中提供的案例研究包含了 5 种最常见的办公空间和功能,当然案例空间相对较小,为的是让照明方案简单好理解。具体手法可以推广到更大的空间和更复杂的环境中应用。

案例研究 4——接待室照明

办公室或者大公司的接待室或前台通常位于入口位置,通常这里是访客被接待,或者等待接待的地方。和所有的入口区域一样,接待室从某种程度上代表了公司的形象,影响着人们对公司的第一印象,要对外传达出公司的专业性或企业的形象,就要确立室内装修的基调。

接待室的尺度差别很大,小的只能放几个座位,大的会有十几个座位,还有几套接待桌。前台差别也很大,小的只是张简单的桌子用作接待台,大的是个小型工作站,有很大的桌子,要处理很多文件和资料。很多商务或政府办公室的接待室还配有展示区,有些只是在墙面展示 LOGO,有的会展示各种产品、证书、奖状或者工作成果。总之,入口区域,包括大堂和接待区,是公司形象展示的重要区域。

接待室通常包含一些基本的视觉任务。首先需要灯光对准前台,以便让访客第一眼注意到这里。接待台需要任务照明,满足前台工作人员的工作需求,包括简单的读写和文件归档等。氛围照明要能满足人员行走和交谈,以及读书休闲的需求。公司 LOGO、产品或艺术品等的展示需要焦点照明。

图 12.1 是一间中等规模接待室的平面图,适用于中小型公司,比如律师事务所,或大公司里某个部门的入口区域,具体的照明功能和需求如下:

- 东侧墙面上的 LOGO 需要焦点照明,同时还要能看清档案柜里的内容。西侧和南侧墙面上挂着艺术品画框,也需要焦点照明,只是强度稍弱。
- 接待区的布置表明这里需要处理大量的书面工作,需要任务照明,并且这里还要有一定的聚光,让到访的客人第一眼就注意到这里的接待区。
- 由于空间里没有自然光,因此需要照亮立面,让整个空间更为温馨怡人。
- 接待室里的装饰照明对于展示企业形象有重要作用。
- 座位区需要适度的氛围照明,满足简单的视觉任务——主要是私人谈话和短时间的杂志阅览。

图 12.2 和图 12.3 显示的照明方案中对视觉任务的解决方式如下:

- 墙面 LOGO 的焦点照明是接待台后面的三套嵌入式洗墙灯,它将整个背景照亮,让 LOGO 更突出。另外在西侧和南侧墙面也用嵌入式可调角度重点照明灯具照亮艺术品。

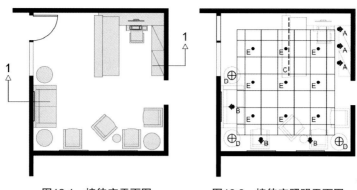

图12.1 接待室平面图   图12.2 接待室照明平面图

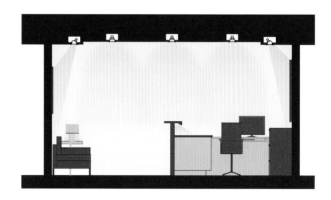

图12.3 接待室剖面图

- 接待员工作台的任务照明用柜下线条灯来满足,灯光集中在主工作面上。
- 座位区的台灯提供装饰照明。台灯的尺度和位置使其正好能在人眼位置提供亮点,并且台灯往往和家居照明相关联,给房间增添了私密、亲和的氛围。台灯可以同时满足座位区的氛围照明和任务照明。
- 中间区域的氛围照明通过九套筒灯来满足。

为了安装焦点(重点)照明,房间四面墙周围采用的是石膏板天花,高度为 2.7 m。天花其余部位是 2.75 m 高的吸声板吊顶,以便安装九套筒灯。由于接待室对于确立整体精装基调的重要作用,房间的照度水平最好一开始就定下来,不要经常变动。对于这种比较固定的灯光设定,最好的控制方案是采用定时开关,偶尔用手动控制,因为个性化控制不是主要需求。

图 12.2 所示的照明方案中的灯具选型如下:

A. 洗墙灯。嵌入式 LED 光源洗墙灯,非对称配光,长度等同于 LOGO 墙。

B. 可调角度重点照明灯具。自带内部瞄准装置,内部采用点光源,窄光束 LED 最佳。

C. 柜下灯具,小尺度线型 LED 灯带。建议设计师设计一条灯槽或翻边,遮挡灯具避免产生眩光。

D. 台灯。具体大小和尺度需要在立面图中比选。上下出光,采用透光灯罩,在人眼高度提供光晕。

E. 筒灯。LED 光源最优。LED 光源尽量深嵌,避免直视光源造成眩光。天花高度适合宽光束。

整个空间里外观比较重要的灯具就是三套台灯,其选型要保证和内装整体色调、材质以及家具选型相协调。

案例研究 5——等候室照明

很多公共建筑中都会有等候室,像是机场、购物中心、医院、车站等。大的等候室可以容纳超过 100 人,小的只能容纳几个人。等候室种类很多,有些很小巧,像是案例研究 4 中的接待室,有些很大,像是机场里的候机区。视觉任务基本都包括在空间里行走需要的氛围照明,以及简单交谈和阅读的照明。此外,有些等候室需要焦点照明来帮助人们找到接待台或问讯处。

图 12.4 是一个中等大小等候(接待)室的平面图,包含了很多典型的视觉任务。访客先从室外走进一道门厅,然后进入这个形状对称的开阔空间,正对访客的是一张两人位接待台。空间的两边是两组一样的座位区,每组可以容纳 10 ~ 12 人。主要有以下 5 项视觉任务:

- 接待台后方墙上的 LOGO 需要焦点照明,另外座位区的四组艺术品也需要焦点照明。
- 接待台需要任务照明,以满足接待员读写以及访客填表的视觉任务。
- 日光只能从门厅方向照入室内,所以对整体设计影响不大。不过入口区要有足够高的照度,以便人眼适应从室外到室内的亮度变化。
- 接待台和座位区都需要装饰照明,增加空间宾至如归的氛围。
- 整个空间需要氛围照明,从入口门厅到接待台,包括 LOGO 墙后面的小走廊,以及两片座位区。

具体照明方案如图 12.5 和图 12.6 所示。

- LOGO 墙的焦点照明由墙面顶部的下照洗墙线槽灯来提供。另外两片座位区两侧的墙面也有柔和的洗墙灯光,是由连续的下照洗墙灯来提供的。嵌入式重点照明灯具照亮南侧墙面的艺术品。
- 接待台的任务照明由接待台的柜下灯具提供。另外接待台两边摆放的台灯既可以提供装饰照明,也能满足接待员基本读写以及访客填写表格的照明需求。
- 主要的装饰照明来自座位区的两套吊灯,采用的是透光材质的灯壳,另外接待台的两套台灯也提供了装饰效果。
- 氛围照明来自入口门厅及入口区域的四套宽光束筒灯。接待台区域有来自拱顶反射下来的柔和洗墙灯光。

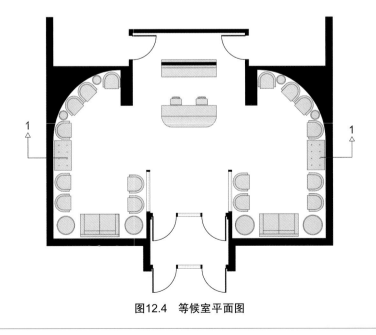

图12.4　等候室平面图

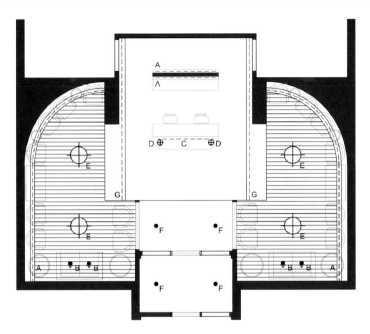

图12.5 等候室照明平面图

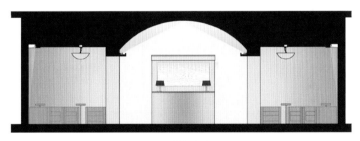

图12.6 等候室剖面图

所有的开关设置于临近的电表箱里,通过定时装置进行控制。图 12.5 的照明方案中的灯具选型如下:

A. 下照洗墙线槽灯。这种线槽灯具可以和天花造型相融合,采用 LED 光源,均匀照亮下方墙面。

B. 可调角度重点照明灯具。自带内部瞄准装置,内部采用点光源,窄光束 LED 最佳。

C. 柜下灯具,小尺度线型 LED 灯带。建议设计师设计一条灯槽或翻边,遮挡灯具避免产生眩光。

D. 台灯。透明外壳在空间中创造亮点,成为来访客人的指向灯,让他们直接找到接待台,同时给接待员和访客的读写提供了任务照明。

E. 装饰吊灯。透光的碗状灯具,可上下出光。

F. 筒灯。LED 光源最优。LED 光源尽量深嵌,避免直视光源造成眩光。天花高度适合宽光束。

G. 间接灯槽。采用荧光灯或 LED 光源的非对称配光灯槽。

案例研究 6——私人办公室照明

传统的私人办公室是人在公司里地位的象征。虽然现在开放式办公越来越流行,但私人办公室的存在还是很有必要的,特别是对于隔声等私密性要求高的时候。本案例给出的是一间中等大小的私人办公室,有一位主用户,同时最多可接待 3 位访客。在这里主要处理桌案工作及会谈,更大的高管办公室将在案例研究 7 中讨论。

图 12.7 显示的私人办公室里的照明需求主要包括:

- 焦点照明。私人办公室的墙上都会挂东西——布告板、工作材料或者艺术品,这些需要焦点照明。本案中北侧和西侧墙面可能会挂东西。
- 任务照明。写字台是主要的任务照明对象,另外靠北墙的书柜也是个辅助工作面。写字台两侧需要充足的立面照明,满足会谈需求。
- 自然光。这间办公室窗户的位置值得注意。通常这类办公室的门和窗都会在短边墙上,但这间办公室里的用户没有把办公桌放在窗户前面,而是放在了侧面,这样避免了进门的访客无法看清办公室主人的面部。另外注意图中显示,窗户有配置窗帘。
- 装饰照明。通常私人办公室里装饰照明不太多,偶尔会设置好看的台灯。

要满足这么多视觉任务,基本也就不需要额外的氛围照明了。图 12.8~图 12.10 显示的照明方案对视觉任务的解决方式如下:

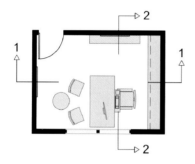

图12.7　私人办公室平面图

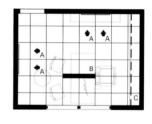

图12.8　私人办公室照明平面图

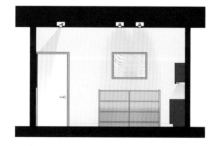

图12.9　私人办公室剖面图1

图12.10　私人办公室剖面图2

- 焦点照明通过两套洗墙灯来满足。墙面反射的灯光也为四周提供足够的氛围灯光。
- 写字台的任务照明由上下出光的线型吊灯提供,能够产生几乎无影的均匀灯光,也避免了光幕反射。还有多种方式可满足桌面照明,比如在天花选用 300 mm × 1 200 mm 的嵌入式灯盘,或者采用上照灯和下照台灯的组合。书柜顶部的辅助任务照明利用柜下灯具来满足,安设这种柜下灯具还有两个额外的目的:(1)帮助照亮旁边文件柜;(2)给办公桌提供中低高度的照明,避免所有灯光都来自头顶处。

开关控制可以采用多种方式。传统方法是在门口设置手动开关,可以控制所有的照明。不过这样既无法提供个性化的选择,也不够节能。在本案中,我们选用调光器让用户可以按照自己的喜好调节灯光亮度。还有种方案是采用人体感应器和日光感应器来自动开关和调节照明。

图 12.8 的照明方案中的灯具选型如下:

A. 洗墙灯。嵌入式 LED 光源洗墙灯,非对称配光,均匀照亮整个墙面。

B. 吊灯。1.2 m 长,上下出光,采用荧光灯或 LED 光源,和书桌居中对齐。

C. 柜下灯。采用荧光灯或 LED 光源,长度和下方的书柜一样。

灯具的外观和风格要与整体建筑及精装修的基调相一致。本案中唯一的可见灯具是办公桌上的吊灯,灯具的外形选择要仔细。

案例研究 7——大型行政办公室照明

大型行政办公室相对于普通私人办公室多了两项功能:(1)较大的空间可以容纳更多的人;(2)传递出主人的奢华、地位和重要性。行政办公室的尺度都很大,通常包括一个大型的会谈区、大号老板桌、书柜等。本章中给出的案例还是相对比较小的。

图 12.11 显示的行政办公室主要包含以下五种视觉任务:

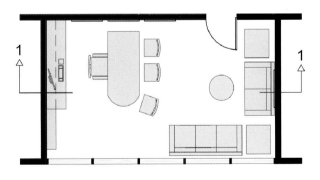

图12.11　行政办公室平面图

- 焦点照明。东侧墙面上的艺术品需要焦点照明。此外,背面墙上以后也会悬挂大型艺术品。东南角的书架也需要柔和的焦点照明。

- 任务照明。最需要任务照明的是办公桌。西侧墙面的书柜是个辅助工作面,也需要任务照明。

- 自然光。自然光在这个办公室里很重要,确保了用户的舒适度。南侧大片的窗户需要用窗帘来遮挡直射光。另外,为满足节能规范要求,窗边的灯具需要额外的控制。

- 装饰照明。普通私人办公室中装饰照明不太常见,但是行政办公室里可以设置一些表现主人品位的灯具。
- 氛围照明。会谈区和房间中间需要些氛围照明来满足行走和简单阅读的需求。

图 12.12~图 12.14 给出的照明方案对视觉任务的解决方式如下:

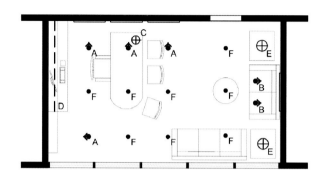

图12.12　行政办公室照明平面图

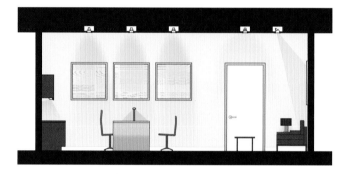

图12.13　行政办公室剖面图

图12.14　行政办公室透视图

- 北墙上艺术品的焦点照明来自三套等距排列的嵌入式洗墙灯。另外东侧墙面有两套嵌入式重点照明灯具,照亮装饰品。西南角的书架由洗墙灯提供照明。
- 办公桌的任务照明通过摇臂式台灯提供。灯具外观要符合个人喜好。书柜工作面上的任务照明由柜下灯具来提供。
- 沙发区边桌上的台灯提供了装饰照明,同时满足了空间的氛围照明。
- 氛围照明由中间区域的八套筒灯来满足。照度水平可调,以适应不同情绪。此外,房间里的焦点照明和重点照明也增加了很多氛围灯光。

南侧墙面的大片窗户对房间内灯具的开关影响很大。所有天花灯具的开关都设在门口旁边,靠近窗户的一排筒灯单独控制,当自然光充足时可以关闭。其余的筒灯和重点照明以及焦点照明灯具分开控制,台灯以及书柜的柜下灯都自带开关。

图 12.12 显示的照明方案中的灯具选型如下:

A. 洗墙灯。嵌入式 LED 光源洗墙灯,非对称配光,均匀照亮整个墙面。

B. 可调角度重点照明灯具。自带内部瞄准装置,内部采用点光源,窄光束 LED 最佳。

C. 书桌灯。灵活方便最重要,灯具必须提供高照度的桌面照明,LED 光源最佳。

D. 柜下灯。采用荧光灯或 LED 光源,长度和下方的书柜一样。

E. 台灯。具体大小和尺度需要在立面图中比选。上下出光,采用透光灯罩,在人眼高度提供光晕。

F. 筒灯。LED 光源最优。LED 光源尽量深嵌,避免直视光源造成眩光。天花高度适合使用宽光束。

灯具的外观和风格要与整体建筑及精装修的基调相一致。本案中唯一的可见灯具是办公桌上的吊灯,灯具的外形选择要仔细。

案例研究 8——会议室照明

会议室通常功能比较有限,主要是供一群人进行语言交流使用。大多数会议室都在中央放置大尺寸的会议桌,让两边的人可以眼神交流、交谈,做简单的阅读和笔记。也有些会议室经常用来做个人或群体报告,里面会设置多种电子设备。

会议室主要的视觉任务是会议桌边的读写,同时对会议桌两边参会人员面部的照明也很重要。个人讲演时展示的图像材料(如图、表等)需要焦点照明。另外要考虑会议室里经常需要投影播放视频等多媒体文件的场景照明。最后还要考虑有些会议室里会有专门提供饮食的区域,这部分也需要照明。

图 12.15 是个典型的中等大小的会议室,主要的照明需求如下:

- 北侧的展示墙在使用时需要焦点照明,且要能调光控制,在不需要焦点照明时提供氛围灯光。
- 会议桌需要适当的任务照明,满足读写需求。灯光还要能照亮会议桌两边人员的面部。角落里小矮柜的台面用来摆放休闲食品和饮料,需要适度的任务照明。
- 自然光能极大改善会议室的环境,不过由于窗户是朝南的,在投影播放时需要采用遮光帘阻隔阳光。
- 装饰照明可以提升会议室的整体设计,特别是有客户来参会的时候。

- 房间四周需要足够的氛围照明,不光要满足人们行走需求,还要让人们看清房间的边界,以免显得空洞无生气。东侧墙面的大电视机在观看时需要调暗灯光,因此需要合适的开关和调光控制。

图 12.16~图 12.19 显示的照明方案对视觉任务的解决方式如下:

- 展示墙的焦点照明由嵌入式洗墙灯来实现。
- 会议桌上的任务照明由沿着桌子中线排列的三套筒灯来提供。这些筒灯的直接下照光能够满足读写的视觉需求,特别是在播放视频内容需要关闭吊灯的时候。书柜表面的次要视觉任务通过一对壁灯来完成。
- 装饰吊灯同时能给会议桌提供任务灯光。
- 北侧和西侧墙面的氛围照明通过展示墙的焦点照明和书柜上的壁灯来满足。

以上四组灯具都是单独开关控制的,开关集中放置于房间大门旁边。所有开关也都具有调光功能,以满足各种会议和讲座的需求。

图 12.16 显示的照明方案中的灯具选型如下:

A. 洗墙灯。嵌入式 LED 光源洗墙灯,非对称配光,均匀照亮整个墙面。光源的色温和显色指数都要和会议桌的主照明保持一致,以提供统一的视觉效果。

B. 筒灯。会议桌上方的筒灯需要有窄角度的配光,以满足阅读和书写的需求。

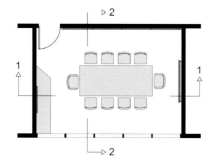

图12.15　会议室平面图

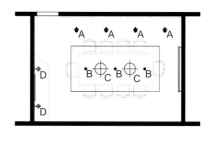

图12.16　会议室照明平面图

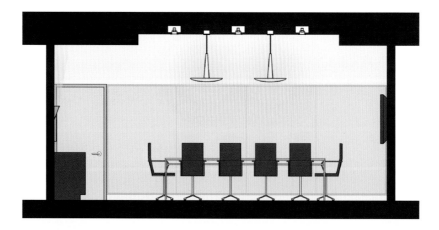

图12.17　会议室剖面图1

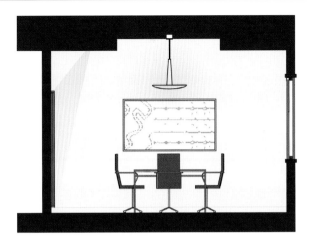

图12.18　会议室剖面图2

图12.19　会议室透视图

　　C. 吊灯。会议桌上方的吊灯采用上下出光方式,既能提供任务照明,也能满足氛围照明。吊灯的装饰性必须和房间的整体设计基调相一致。

　　D. 壁灯。书柜上方的壁灯提供了必要的任务照明。其装饰性必须和房间的整体设计基调相一致。

　　灯具的外观和风格要与整体建筑及精装修的基调相一致。本案中唯一的可见灯具是会议桌上方的吊灯,因此其外形选择要仔细。

案例研究 9——开放办公区照明

照亮办公楼里的主要工作区是大多数建筑照明设计中最大的挑战。正如本章开头所述,在设计时需要考虑多种因素,我们来简要回顾一下这些要素,具体是:

- 用户对于视觉舒适度和生产效率的需求,利用任务照明和氛围照明概念来提供最佳的视觉环境,包括减少来自电脑显示器的反射光。
- 施工的可行性和经济性,包括灯具的灵活性,可否对天花内的机电系统检修等。
- 节能规范要求,这也促使我们采用任务照明、氛围照明概念。

大多数情况下,开放办公区很少会有访客,因此不需要过多考虑对外形象问题,让照明设计聚焦于解决用户需求上。下面列出了这类开放办公区的典型照明设计思路(图 12.20):

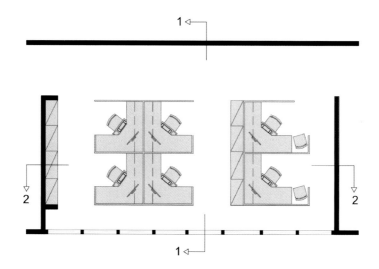

图12.20　开放办公区平面图

- 北侧和东侧墙面上会悬挂艺术品、告示牌等,需要焦点照明。
- 每个工作区都需要高品质的任务照明,东侧墙边的文件柜附近需要充足照明,以满足文件整理的需要。
- 自然光和窗外的风景能够极大提升工作效率。但是这里的窗户是朝南的,要加装窗帘来遮挡强烈的直射阳光。另外,为满足节能规范的要求,必须给靠窗的一排灯具设置单独控制开关。
- 整个空间需要舒适的、低照度的氛围灯光,让人们可以看清彼此的脸。

图 12.21~图 12.23 所示的照明方案对视觉任务的解决方式如下:

- 北侧墙面的焦点照明通过七套等距排列的嵌入式筒灯、洗墙灯来提供,用均匀的洗墙灯光照亮所有的艺术品等,同时也能照亮这一侧的地面。天花设置一套直接下照的洗墙线槽灯,照亮西侧墙面,给文件柜提供足够的照明。
- 工作区的任务照明主要由隔断上安装的柜下灯来提供,偶尔会有访客到访的东侧设置有摇臂式的台灯,具有一定的装饰效果,同时能在私人交流时照亮彼此的面部。
- 氛围照明主要来自四套 3.6 m 长的间接出光吊灯,给整个空间提供柔和的照明。靠近窗户的那一排灯具需要单独开关并且加装日光感应控制,以便节约能源。北侧墙面的焦

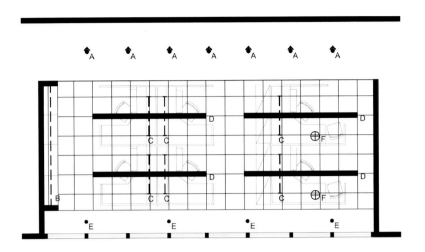

图12.21 开放办公区照明平面图

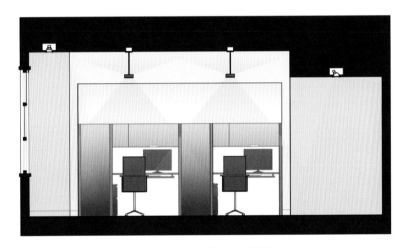

图12.22 开放办公区剖面图1

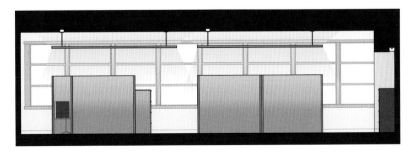

图12.23 开放办公区剖面图2

点照明也提供了行走需要的氛围照明。

所有的任务照明都自带开关,由员工自己控制。其他的开关都在附近的电源箱里,因为不需要个性化的控制。如前所述,靠窗的一排筒灯和吊灯都加装了日光感应控制。所有灯光根据规范要求都需要采用定时控制。

图 12.21 中照明方案显示的灯具选型如下:

A. 筒灯、洗墙灯。嵌入式 LED 光源洗墙灯,非对称配光,均匀照亮整个墙面,同时照亮地面。

B. 直接洗墙灯槽。LED 光源灯具,柔和照亮墙面和工作面。

C. 柜下灯。采用荧光灯或 LED 光源,长度和下方的工作面一样;注意隐藏光源。

D. 线型吊灯。长 3.6 m, LED 或荧光灯光源,间接出光。和之前强调的一样,灯具的外观要和整体建筑及精装风格保持和谐。

E. 台灯。

F. 筒灯。

第 **13** 章　**教育机构照明设计**

　　教室和报告厅是学校最主要的组成形式,同时也会出现在办公楼、企业总部、医院等建筑中。近年来教室和报告厅的照明要求在不断变化,因为越来越多数码和电子产品被应用,远程教学也越来越流行。

　　传统教室在小学、初中和高中里仍然占主流,电脑的使用似乎还没有那么广泛。照明设计时桌面的照明和立面的照明仍然是主要的考量。现在的挑战是在提供高品质照明的同时降低能耗和成本。自然光照明的益处非常多,近期的研究表明自然采光好的教室能显著提升教学成绩。

　　报告厅在大学里更为常见,是比普通教室更大的综合性空间。从照明角度来说,它们和教室差不多,但具有更复杂的功能,能满足更多的需求。具体需求包括讲座报告、小组讨论以及小型表演。和传统教室不同,报告厅通常没有窗户,以获得最佳的视听效果。

案例分析 10——教室照明

　　在给传统教室设计照明时,要考虑很多的视觉任务。除了课桌上、黑板前、公告板前等地方的视觉任务,还要考虑特殊的学习区域。通常的做法是在工作面上提供充足的一般照明,因为学生的位置分布在整个教室。照明系统还需要提供较高的立面照度,可以的话也要照亮天花以提升舒适度。大多数传统视觉任务需要的照度值为 540 ~ 750 lx,这个数值非常高,因此必须搭配调光器或者经常关掉部分灯光,以实现照明的灵活性和节能。

　　从照明角度来说,有两种特殊的教室:

1. 上美术课的教室,以老师的教学活动为主。
2. 上电脑课的教室,有大量的电脑屏幕。

图 13.1 所示的是一个典型的教室平面图。教室里的照明需求如下:

- 焦点光,需要照亮讲台两边的白板、入口侧墙面的展示板以及投影幕布。
- 主要的任务照明是学生课桌,学生经常要进行阅读和书写。
- 如前所述,自然采光对于高效的学习很重要。不过,由于窗户都开在教室的南侧,有必

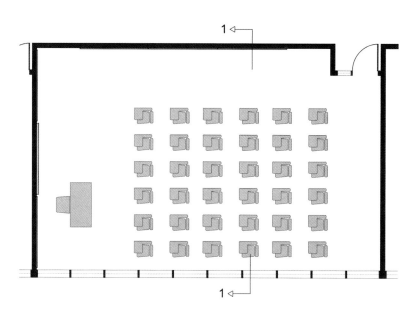

图13.1　教室平面图

要设置百叶帘来控制直射阳光。

- 房间整体照明已经足够,氛围灯光不是很有必要,只在投影模式的时候保留一点。

图 13.2 和图 13.3 所示的照明设计方案通过以下方式解决视觉任务:

- 对两块白板的焦点照明,采用壁装式线型洗墙灯来实现;对于墙面的展示板用的是嵌入式线型洗墙灯。对于投影幕布的照明和投影的内容有关:如果播放的是电影或视频,不需要记笔记,那就把教室里的灯都关掉;如果是需要学生记笔记的教学内容,那么一般照明的吊灯会被调暗。
- 任务照明由八套上下出光的吊灯提供,这些灯具将整个教室均匀照亮,提供可以满足读写需求的照度。注意靠近窗户一侧的四套吊灯是单独开关控制的,当外界自然光充足时,这些吊灯可以自动关闭。
- 在有自然光的情况下氛围照明自然满足。当吊灯打开时,氛围照明也很充足。北侧、东侧和西侧墙面上的洗墙灯也能够提供氛围照明。

两排吊灯可以分开调光,调光器安装在门口边上。如果调光器成本较高,可以选择上下出光分开开关的吊灯,这样就能够控制出三种照度水平。三套洗墙灯的开关就装在灯具旁边。靠近窗户一侧的那排吊灯通过日光感应器自动调光。此外还可以用人体感应器来确保当教室里没人时灯全部关掉。

对于图 13.2 所示的灯具布置,具体灯具选择如下:

A. 壁装式洗墙灯。非对称配光,配置带刻度的旋转钮,以便调节到合适方向聚光于白板上。采用荧光灯或 LED 光源,安装高度 2.25 m。

B. 嵌入式洗墙灯。非对称配光,洗亮东侧的展示墙。采用荧光灯或 LED 灯盘设计,可以安装在吸声板吊顶中。

C. 吊灯。长 2.4 m,上下出光,采用荧光灯或 LED 光源,安装高度为 2.4 m,上下出光比例各占 50%。

至于前面提到的特殊教室,需要特殊化设计。传统的美术教室需要更高的照度水平和高

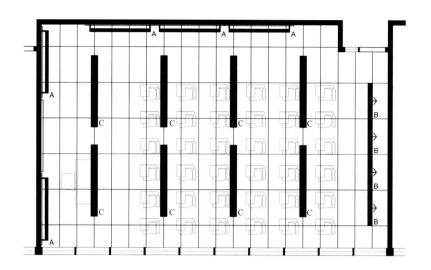

图13.2 教室照明平面图

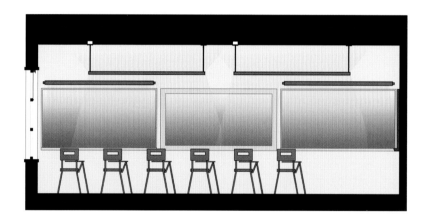

图13.3 教室剖面图

于平均值的显色指数。美术教室里的自然采光是一大优势,最好窗户是朝北的,或者采用透光天窗,能够让自然光均匀洒满整个教室。此外,很多美术教室里有大量的作品展示,需要灵活的重点照明。

电气化教室,即大量采用电脑教学的教室,也需要特殊的照明设计。电脑显示屏会受到房间灯光的影响,所以对照明控制的要求更高,需要很大的灵活性,在不同的教学场景之间进行切换。总之,特殊教室在设计时要和教育者充分沟通,以创造最佳的教学环境。

案例研究 11——报告厅照明

图 13.4 所示的是一个多功能报告厅的平面图。折叠椅让座位布局可以随意调整。如该平面图所示,东侧墙面是主要一侧,也就是报告厅的"前端",不过也可以改变。虚线表示的是可移动讲台,可以根据需求移动位置。天花高度 3.3 m,比普通教室更高,北侧、西侧以及南侧墙面都设置了软木板,可以在上面用图钉方便地固定展品。天花吊顶主要采用吸声板。整个报告厅常见的视觉任务如下:

- 四边的墙面都需要焦点照明,以便于用来展示作品。报告厅东侧和南侧也需要焦点照明,因为通常讲演者、讨论组的位置或者讲台会设在这里。所有这些焦点照明灯具都应当单独控制,使灵活性最大化。
- 当采用传统课桌椅上课时,教室里需要正常的任务照明,阅读和记笔记时需要较高的照度。
- 整个房间需要氛围照明,以满足不同功能。当观众们专注于讲演者或者讨论会主持人时,需要一定的氛围照明。在报告厅里看电影,或观看小型演出时,也需要一定的氛围照明。

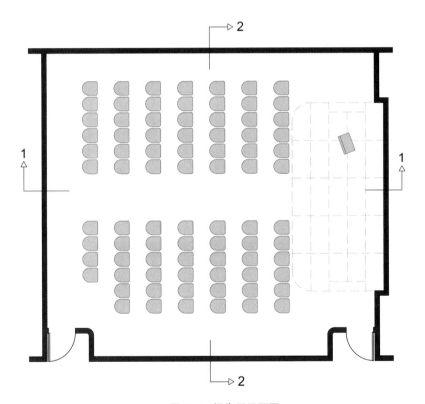

图13.4　报告厅平面图

图 13.5~图 13.7 所示的照明设计方案通过以下方式解决视觉任务:

- 焦点照明,采用四种不同方式来解决。首先在报告厅天花的四周设计有反光灯槽,这样向上照亮天花,然后反射下来均匀照亮四周墙面,可以满足今后墙面展示的需求。在东侧墙面顶部有一条凹槽,内部设置了直接出光的洗墙灯,为这侧墙面提供额外的高照度。在距离东侧墙面 2.4 m 远的天花上,沿南北方向装有五套嵌入式可调角度灯具,为

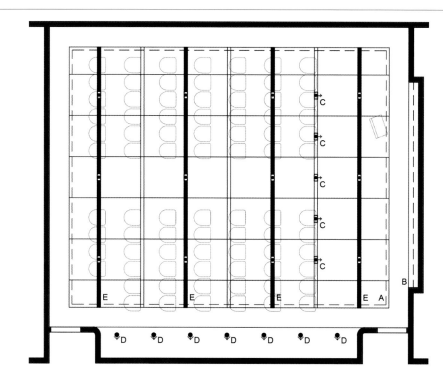

图13.5 报告厅照明平面图

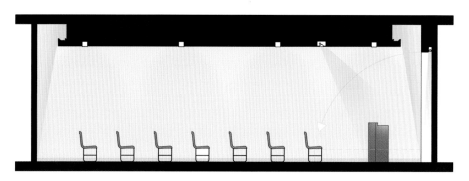

图13.6 报告厅剖面图1

图13.7 报告厅剖面图2

讲台提供焦点照明。另外在靠近南侧墙面的天花上有七套嵌入式洗墙灯,照亮墙面。

- 四组线型嵌入式灯具可提供高照度的任务照明,灯具安装在吸声板吊顶内。每排线型灯内部,还各有三组嵌入式筒灯。这两组灯具可以单独使用也可以组合使用,提供需要的照度。除了满足任务照明,线条灯还能提供低照度的氛围灯光。

照明控制对于报告厅尤为重要,因为照明设计有多个层次、多个分区,通常建议采用一套预设定调光系统,这种系统可以预设四套以上的场景,可供多种用户轻松使用。

图 13.5 的照明平面图中所示的灯具选型如下:

A. 反光洗墙灯槽。这种洗墙灯槽能提供柔和、均匀的照明效果,同时让整个天花具有一种悬浮感。建议采用 LED 光源,以便于调光和节能。

B. 直接洗墙灯槽。这种线槽灯可以完美嵌入天花,通常是小型 LED 线条灯具,直接洗亮墙面。

C. 可调角度重点照明灯具。自带校准机制,内部采用点光源,窄光束 LED 最为合适。

D. 洗墙灯。嵌入式 LED 灯具,非对称配光,能够均匀照亮墙面。

E. 线型嵌入式灯盘。这种灯具安装非常方便,和普通灯盘一样,可以直接在吊顶系统里放置。通常采用荧光灯或 LED 光源,表面是透镜面板,可提供高照度的任务照明。在这些线条灯之间,集成安装了点光源的筒灯,以保证阅读和书写所需的足够照度。

灯具的品质感和风格必须与整个建筑及室内设计,相一致,尤其是节点做法和材质,从传统的水晶及切割玻璃材质,到现代的原木风格,再到高科技的材料和手法。灯具外观的选择是最困难的一步,因为这涉及美学、风格和品位。只有经过长期试错积累的经验才能让设计师提高审美能力。

第**14**章 医疗机构照明设计

医疗机构照明设计对于照明设计师来说是很大的挑战,因为那里有很多类型的视觉任务,并且随着医疗手段的进步还在不断进化。更大的挑战则是满足多种年龄层次用户的需求,从新生的婴儿到耄耋老人。随着人口不断老龄化,照明设计师必须时刻牢记老年人群的视觉需求。此外医疗机构内人员对于健康更加关注,因此照明的生理学及心理效应更为关键。

照明设计最大的挑战之一是提供优秀的、节能的并且低价的照明,但又不能给人老式医院的陈旧感和冰冷感。廉价的荧光灯系统越来越不受欢迎了,大多数新式医院、养老机构以及诊所等,都要求照明设计品质高于一般办公建筑和酒店。

和酒店不同,主题和风格不是医疗机构照明设计的重点。过去大多数医院、诊所都采用标准化的内装材料组合,给人一种现代、简单、清洁的质感,甚至有一点苍白。现在有新的流行趋势,让医院慢慢摆脱传统的冰冷设计,创造出更加放松和舒适的环境,有时也会采用酒店设计中的语言。现代建筑和装饰照明系统更容易融入其中,让照明设计师们有了更多的灯具选择。尽管规范和标准在医疗机构的照明设计中仍然占据重要位置,但照明设计仍能发挥出更多创造性。

养老院和医疗机构又有所不同,它们更像是酒店或公寓。其室内装修通常会有比较强的设计主题,以冲淡机构化的氛围。可移动照明,例如落地灯、台灯会加强家居的主题氛围。总而言之,老人们希望住在真正的家中,而不是公共机构里。

医疗机构包括很多需要开展复杂视觉任务的房间,读者首先会想到手术室和实验室,其实还包括很多治疗室等,都对照明有很高要求。大多数手术室和治疗室,例如牙医诊疗室,都采用专业的照明设备,由专业厂家生产,不属于照明设计的范畴。但是病人病房的检查灯光和其他灯光仍然属于整体的照明设计范畴。

医疗机构里有很多空间需要特殊的照明控制。比如,在放射科室里,通常需要用间接照明提供低照度,以避免导致 X 线片曝光。在保育室,新生儿的眼睛不能看到直射灯光。在核磁共振(MRI)科室,照明必须避免造成电磁干扰(RFI)。在口腔科室,照明必须采用高色温和高显色性,以便进行精确的颜色匹配。

医疗机构里的大部分空间需要的仍然是传统照明方式,比如办公室、食堂、走廊、会议室、大堂、候诊室等。以上这些空间并没有特殊的照明需求,但还是有和办公照明不一样的地方:办公楼里的用户主要是适龄的工作人员,视力多是正常水平;而医疗机构里的人有很大比例是老年人或者残障人士,他们需要更高的照度水平。医疗机构照明设计关键是照度水平要超过一般办公建筑的标准,但也要注意防止眩光和视觉不适。

自然采光和风景对于医疗机构来说特别需要,有几个原因:除了常说的节能,另一大好处就是日照可以调节人体的昼夜节律,有助于病人康复,增强病人活力。如果房间里看不到外界的风景,那种环境令人感觉非常不舒服;能看到城市景色或者自然风光的窗户对病人心理康复有极大好处。自然光的另一大特性是显色性,这对于口腔科等科室很重要。

历史上医疗机构中极少会采用装饰性照明,只在候诊室里少量使用。随着现在设计潮流的人性化,装饰照明的使用越来越多,包括枝形吊灯、壁灯、普通吊灯、落地灯以及台灯等。考虑到节能和维护问题,通常采用 CFL 或者 LED 光源。

绝大多数医疗机构的天花都采用吸声板吊顶,这样易于对吊顶里的管道进行检修。硬质天花(比如石膏板)较少被使用,因为这样需要专门开检修孔,对于天花里的管道维护很不方便,而且成本很高。

医疗机构的照明对灵活性要求不高,因为很少会变化或者移位。好的医疗机构设计要求稳定、持久,使用高能效的光源。推荐使用荧光灯和 LED 光源,并且种类不要太多,以减少库存和维修的压力。有些医疗机构完全依靠一般照明来满足所有需求,因为医院里大部分空间都有视觉任务。

不过很多空间也可以尝试采用多层次照明,比如办公室、大堂、候诊室、病房走廊、护士站以及资料室等。事实上,医疗机构的室内设计中一大趋势就是引入装饰元素,其作用是让空间更人性化,增加亮点、色彩和对比。

多层次照明的一大好处就是可以在白天和黑夜提供不同的照明场景。一般白天的照明应该是明亮的,以提供充足的任务照明,也让人更为清醒。到了晚间,过亮的灯光会影响病人的休息,通过关闭氛围灯光并调低任务照明,可以提供舒适的晚间环境。

病房的照明是个特别复杂的问题。大部分时间里,病房照明应当尽量接近普通家居照明。这对于产妇套房和老年人康复病房尤其重要,因为这些房间的首要目的就是模拟家的氛围。柔和的氛围照明让人可以在房间里做简易的活动,任务照明让人可以在床上或者座椅上看书。到了晚上,低照度照明能让护士随时检查病人情况,但又不打扰病人睡眠。在给病人做检查时,可以一键就切换到高照度水平。

《美国残疾人法案》对于照明有严格的要求,特别是要求壁灯凸出墙面不能超出 10 cm,除非灯具离地高度超过 2 m。此外,《美国残疾人法案》中特别重视无障碍设计,照明设计也要考虑到这一点。比如说,灯具开关的位置就要设置到使用轮椅人士可够到的高度。

本章中研究的案例代表了两种最常见的空间及其功能。所举的案例相对比较基本,这让照明问题更好理解。这些照明设计问题都是基本问题,这样可以扩展到其他设定和条件下。在很多现代大型医疗建筑中,治疗程序和设备都非常复杂和高科技,对照明的要求可能也远远超出本书的范畴。

案例研究 12——病房照明

图 14.1 所示的是本案例研究的病房的平面图。这代表了当今私人病房的设计趋势,卧室和浴室的天花都是吸声板,表面材质都是医疗机构里常见的乙烯基墙纸。

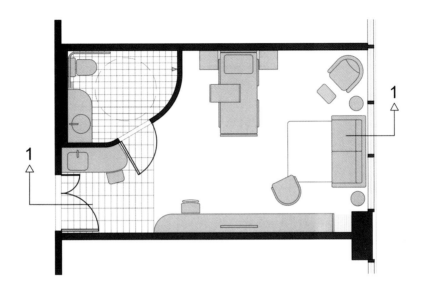

图14.1 病房平面图

如前所述,病房追求的是居家的氛围,但其中的视觉任务又比居家要高得多,因为需要做复杂的治疗和护理。天花灯具和壁装灯具可以大量使用,台灯和其他常见的家具灯具也可以尝试使用,但一定要注意这些移动灯具不要影响病人的活动。

病房里的视觉任务主要包括:

- 南侧墙面需要焦点照明,以突出墙面木作以及有利于看清操作台。
- 任务照明:主要满足在床上以及椅子上的阅读、身体的检查和治疗、护士操作台的操作、盥洗室的梳洗以及在办公桌上的书写等工作需求。
- 如前所述,自然采光对于病人的健康及康复很重要。同时窗户也要有遮阳设施,以保障病人的休息。
- 房间需要装饰照明以加强居家的氛围。
- 房间入口、浴室以及房间里大部分区域需要氛围照明。此外房间还需要设置夜灯。

图 14.2 和图 14.3 所示的照明设计方案通过以下方式解决视觉任务:

- 为了营造居家的氛围,采用嵌入式洗墙灯照亮南侧墙面来创造焦点照明。
- 病床区域有多层次的任务照明。床头正上方墙面有一套上下出光的壁灯,可提供床上阅读需要的灯光,也给房间提供氛围照明。上下出光可以分别开关,也可以一起控制,具有一定的灵活性。靠近床尾的正上方有一套 600 mm × 600 mm 的荧光灯盘,提供检查和治疗的任务照明。窗户旁有一套壁灯,让访客坐在沙发上休息或阅读时不会打扰病人休息。护士操作台的水池上方由线型壁灯提供任务照明。浴室镜子上方设计有直接出光的洗墙灯槽,可满足病人梳洗的需求,光源需要选择高显色性的。写字台上有固定台灯,可提供阅读和书写的任务照明。

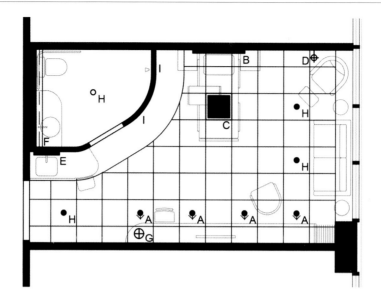

图14.2　病房照明平面图

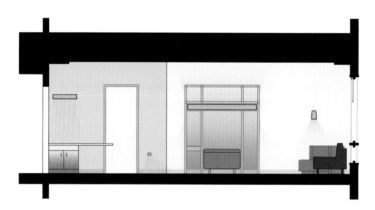

图14.3　病房剖面图

- 对于装饰照明,桌上的台灯已经提供了必要的装饰功能。
- 氛围照明包括门口顶上部的筒灯、沙发区的筒灯以及浴室里的筒灯。此外,房间西侧墙面以及病人床边的墙面上装有两套小夜灯,离地高度大约为 50 cm。房间里已经有很多灯具,不再需要更多氛围灯光了。

　　开关设计要尽量简单,因为使用者很多:病人、护士、医生、护工、送餐员以及病人的访客。门口一旁有个开关控制入口处的筒灯,以及控制洗墙灯的专用调光器,检查需要的灯具开关也设在门口。检查用的灯盘采用的是分级荧光灯或者可调光 LED,能够实现两种照度水平。浴室里有一个开关控制两套灯具。病床的任务照明开关是病床控制系统的一部分,台灯开关就在灯上。

　　图 14.2 所示的照明方案中,灯具选型如下:

　　A. 洗墙灯。嵌入式非对称配光 LED 洗墙灯,照亮整面墙。

B. 上下出光壁灯。通常采用荧光灯或 LED 光源,上下出光可单独控制。

C. 灯盘。荧光灯或 LED 光源,选用眩光少的灯盘,出光更舒适。

D. 壁灯。主要提供任务照明,因此选用直接出光的 LED 或 CFL 光源。

E. 线型壁灯。荧光灯或 LED 光源,隐藏式设计,避免直视光源。

F. 直接出光洗墙灯槽。线槽灯具的设计要和室内装修融为一体。选择出光柔和的 LED 光源均匀照亮墙面。

G. 台灯。灯罩的大小和尺度要在立面图里仔细核对,建议采用透光材质的灯罩,直接出光和间接出光组合使用。

H. 筒灯。LED 光源最为合适,因为其光效最高,显色性最好。光源应当嵌入灯具深一点,这样避免正常视角看到眩光。这个天花高度可以选择宽光束的配光。

病房任务照明的选型通常包含在医院装修和设备合同中。除了入口区域的灯具,其他灯具设计上都通用,对整体空间效果影响很小,应当选择造型简单、高效廉价的产品。

案例研究 13——检查室照明

检查室在医院和诊所里非常常见,它们是一种多用途的房间,既可以做各种检查,也能做很多种治疗。通常布局包括一个检查台、一个工作台或办公桌,还有几把椅子。无论是谁,即使是医生,都不会在里面待很长时间。这类房间是纯粹功能性的,不需要个性化。房间装修都很相似,采用易于清洁的材料和吸声板天花。基本以白色调为主,偶尔也会有其他颜色,但前提是易于清洁。

图 14.4 是本案例研究的检查室平面图,这里的视觉任务都是功能性的,照明应采用任务照明。检查台上要有高强度的直接灯光,以便看清病人的各种细节。办公桌上也要有足够的任务照明,满足读写、操作医疗设备的需要。

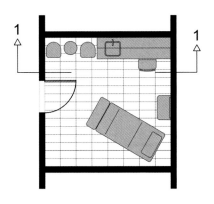

图14.4　检查室平面图

照明方案如图 14.5 的照明平面图和图 14.6 的剖面图所示。

检查台上的任务照明由一套 600 mm×1 200 mm 的嵌入式灯盘(荧光灯或 LED)提供,这

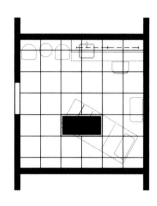

图14.5　检查室照明平面图

图14.6　检查室剖面图

种灯具既便宜又高效。开关采用两档控制,或者直接选用调光器,以便控制照度水平。办公桌上的照明采用柜下灯。

检查台的开关设在门口一旁,柜下灯的开关设在靠近工作台的地方。

第15章 店铺照明设计

店铺照明的重要性,超过其他任何内装元素。大多数情况下,明亮的店铺更能吸引顾客,也就更成功。店铺灯光不仅能照亮商品促进销售,同时也是店铺风格或主题的关键元素。

店铺照明的首要且最重要的功能,就是吸引眼球。这是利用了人趋光的本能。例如在便利店设计中,明亮的荧光灯能吸引顾客,让人们知道这家店铺正在营业。而在竞争激烈的购物中心,戏剧化的灯光效果,比如动态灯光、彩色灯光以及华丽的装饰灯具,更能吸引消费者。店铺橱窗的重要性不言而喻,它们本身设计就宛如艺术品一样,灯光设计也参考了舞台照明手法。

店铺照明的第二大功能就是照亮商品。最成功的店铺设计是给所有的商品提供照明,而不是只照亮重点商品。

店铺照明的第三大功能就是刺激消费者的购物欲。刺激感是设计的主题之一,照明在其中的作用至关重要,刺激消费者的方式共有四种:

1. 对商品进行戏剧化的照明,特别是重点展品。

2. 选用风格鲜明的灯具,来加强店铺或者建筑的主题风格。

3. 采用建筑照明手法,例如灯槽或者洗墙照明,来突显室内装修或建筑的特点。

4. 采用非常特别的照明手法,例如变色灯光、舞台灯光、动态灯光、光纤照明、霓虹灯等,让空间更有活力。

店铺照明的第四大功能是给店员的工作提供便利,包括盘货、打扫、清点等。例如,店铺照明设计中的一个经典手法,就是在营销点位设置风格鲜明的吊灯。这种方法确保营销工作能有充足的灯光,同时也能给消费者提供指引。

店铺照明的第五个也是最后一个功能是强化消费者对价格的认知。这需要微妙的平衡。比如,在打折店中,照明需要让商品看起来廉价一些,否则消费者会觉得来错了地方。很多杂货店选用裸灯珠的灯带做照明,这既是为了节约能源,也是为了表明店里的商品价格很便宜。

近期研究表明,商场里的自然采光能大幅度提升销售量。如果店铺设计允许,照明设计师应当尽量引入自然光。设计师应当考虑设置多个小型的天窗,而不是一个大型天窗。

　　店铺和其他建筑形式的主要区别在于,其中的商品主要是在立面上陈列的。因此,照明方案应当避免使用集中的筒灯——除非商品是在水平面上陈列的。

　　关于店铺的节能规范要求得很严格。根据美国采暖、制冷与空调工程师学会标准 ASHRAE Standard 90.1—2013,商业建筑的功率密度大约是 15.5 W/m²。其他类型的店铺取决于商品类型,比如珠宝类店铺限额最高。本章的案例研究要求满足美国大部分州的节能规范。

案例研究 14——小型精品店照明

　　大部分的店铺照明是针对中小型店铺的,其通常都是长方形,周围是商业街或者购物中心。

　　在大多数小型店铺中,展示货架高度很少会达到天花高度,只在四周墙面上会如此。店铺中间的大部分货架都比较低矮,还有小型展台等。店铺照明设计的焦点很大程度上由店铺的类型决定,在本章的三个案例研究中,可以很明显地看出店铺的平面布局和功能对于视觉任务和照明设计有巨大影响。

　　小型店铺的照明设计对于店铺的形象和吸引力尤为重要。基本的、廉价的荧光灯照明和高照度传递出一种经济实惠的感觉。装饰性灯具,尤其是带有变色效果的灯具,可以让店铺显得更有个性。对比强烈的轨道灯照明会给店铺营造出一定的神秘感和品质感。所以在店铺设计时,一定要慎重选择照明风格。

　　通常来说,照明控制主要包括时间控制和手动开关。大型购物中心中的照明控制还要和整体系统相连。

　　本案例是一个购物中心中的鞋店,可以向大家展示出小型店铺照明中的基本问题。对于销售中等价位的日常用品、服装、礼品等的店铺,这些方案都能适用。图 15.1 显示的是该店铺的平面图,可以看到在入口区域有一大片陈列展示区,店铺中间是收银或包装区,店铺后部有坐凳和货架,主要用于展示货品和客户试穿。仓储区藏在公区后面。

　　很明显店铺里的视觉任务有四种:

- 店铺所有区域都需要焦点照明,用于展示台和四周的货架。
- 收银或包装区需要任务照明,另外坐凳区也需要,方便店员帮助客户试穿鞋子。
- 店铺入口需要装饰照明,以吸引顾客进店,此外收银或包装区、坐凳区也都需要。
- 由于大部分店铺中,大量灯光被用来照亮展示商品,通常就不需要专门设置氛围照明了。

　　图 15.2 的照明平面图以及图 15.3 的剖面图共同展示了照明设计方案,具体是:绝大多数焦点照明由可调角度的重点照明灯具和洗墙灯具来提供,安装方式是轨道式。

　　四周货架上方的灯具洗亮展示架上方的墙面,可以突出墙上的标识和装饰画。其余灯具重点照亮前排橱窗展台上摆放的鞋子以及店内展示台上的鞋子。收银或包装区上方吊顶内嵌入式重点照明灯具将灯光对准后方开放式展架上的鞋子。鞋店入口区的两套装饰吊灯直接照亮正下方的展台上的鞋子。沿着墙面布置的货架上每层搁板下方都有灯条照亮展架。

- 需要任务照明的两块区域是收银或包装区和店铺后端的坐凳区。收银或包装区通过四套相对比较小的玻璃装饰吊灯照亮,不仅给店员提供了充足的桌面照度,同时也帮助顾客迅速识别出这一功能区。后端吊顶区里的筒灯阵列既能满足店员服务的需求,也能满足顾客试鞋的需求。
- 装饰照明主要通过坐凳区的两盏大号吊灯来实现。它们从店铺入口就能被看到,成为

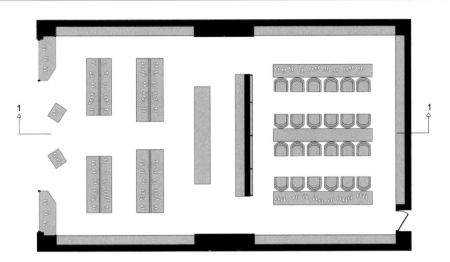

图15.1　小型精品店平面图

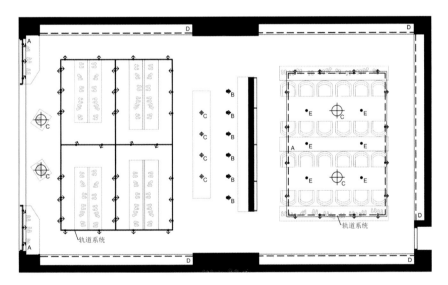

图15.2　小型精品店照明平面图

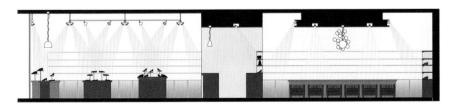

图15.3　小型精品店剖面图

吸引顾客进入的重要符号,同时也给缺乏特色的店铺后区创造了一种雕塑美感。虽然店铺入口区和收银或包装区的吊灯的主要作用不是为了装饰,但也可以精心挑选一下灯具外观,使其兼具装饰作用。

图 15.2 中具体的灯具选型和布置如下,由于大部分灯具不是嵌入式就是不容易被看到,其外观并不重要,主要选择依据是其功能性。

A. 轨道系统。轨道安装的重点照明和洗墙灯具可以很方便地移动位置和调节方向及角度。光源优选 LED,因为其显色性好,有多种光束角选择,发热量低,而且能效高。

B. 重点照明灯具。安装于收银或包装区上方的嵌入式可调角度重点照明灯具和轨道灯具一样方便灵活,同时出光品质好。

C. 吊灯。入口区的吊灯要求光束高度集中,同时采用透光材质的外壳,以吸引路过的消费者的眼球。收银或包装区上方的任务照明需要的光束更窄,将出光集中在下方的柜台上;采用透光外壳,以便店铺里任何位置的顾客都可以很快找到柜台的位置。坐凳区上方的两套大型吊灯的主要作用是在空间里创造视觉吸引,也就是鼓励顾客来试鞋。灯具尺寸要大,通过多个亮点吸引眼球,同时造型上要复杂一些,以消解整体空间的简洁感。推荐采用 LED 光源。

D. 货架灯,即安装于货架每层搁板下方的小尺寸线型 LED 灯带。避免用轨道射灯照射下来而产生阴影。

E. 筒灯。在吊顶上安装的嵌入式筒灯要在坐凳区创造均匀的照度水平,要保证地面的照度足够,而不是通常的工作面高度。光源应当隐蔽,避免造成眩光。

通常店铺照明中需要显色性好的高输出光源。过去常用的是卤素光源,现在 LED 凭借自身更好的光效和寿命而更受青睐。在低端环境中,荧光灯也很常用。

案例研究 15——小型超市照明

超市陈设及照明方式在近几年发生了巨大的变化。现在很少有新开超市不设置特别商品区了,比如烘焙区、熟食区、红酒区等,也很少看到仅仅采用荧光吊灯提供照明的手法了。超市越来越多地引入了其他的零售形式,也越来越多采用焦点照明和装饰照明等手法,也对显色性等照明细节越来越关注。这些还都是在越来越严格的节能规范的限制下做到的。图 15.4 是一个相对较小的超市的平面图,可以看出,除了中间的集中式货架,周围还设置了几处特殊商品区,以加强购物体验。大部分超市都采用开放式(不吊顶)天花,但在四个特殊商品区(烘焙区、熟食区、红酒区以及精选区)及其附属收银台那里都有吊顶。该超市里主要的视觉任务如下:

- 在中央货架区之外的很多地方都需要焦点照明,比如鲜花区、烘焙区、熟食区、红酒区等特殊商品区。在货架区最后排的特别销售商品也需要重点照明。此外食品货架以及冷冻冰柜里的食品等,需要内置灯具进行照明。
- 货架区需要非常均匀、高照度的任务照明。收银区同样需要高照度的任务照明,另外烘焙区和熟食区的后厨也需要,因为要在那里准备食物。此外,客服柜台和经理办公室也需要高效的任务照明。
- 客户刚走进店铺的区域需要装饰照明,另外烘焙区、熟食区、红酒区、精品食物区都需要装饰照明。
- 商场的入场通道和离场通道需要氛围照明,烘焙区及熟食区的中部需要氛围照明。

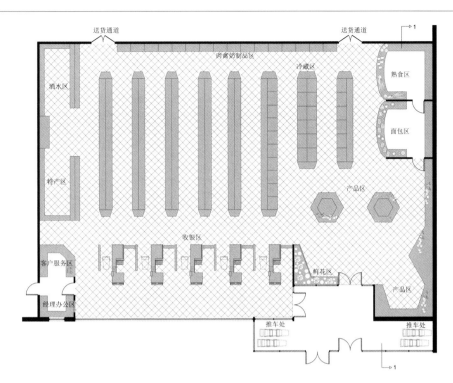

图15.4　小型超市平面图

图 15.5 和图 15.6 显示的是最终的照明方案,灯具选型及布置要遵循以下原则:

- 大部分焦点照明是通过轨道灯来实现的,因为它们安装灵活,也比较廉价。部分区域还设置了洗墙灯,比如红酒区和精品食物区之间的空地,以及客服柜台和入口通道周边的广告板上。特制的冷柜灯用来照亮肉类、禽类、烘焙食品和熟食。
- 任务照明采用的是悬吊安装的线型下照灯盘,安装在货架上方,用来照亮货架上摆放的商品。收银区和客服柜台采用的是嵌入式筒灯,以照亮工作面。烘焙及熟食区的后厨由高效的线型下照线槽灯来提供充足的照明。经理办公室用嵌入式灯盘提供任务照明。
- 在入口区会有大型玻璃装饰吊灯,给顾客一个欢迎的氛围。此外在四个特殊商品区会有正常尺寸的玻璃吊灯,作为吸引顾客的空间亮点。
- 出口通道、入口通道、烘焙区和熟食区之间的空地这几处都需要氛围照明,通过嵌入式筒灯来提供。

超市里的开关控制通常采用简单直接的方式。不过越来越多超市开始采用新的控制系统以帮助节能。白天时,零售区的亮度必须能够和日光相匹敌,需要创造一种高照度、清晰、透亮的室内环境,符合超市的定位。如果有了日光感应技术,靠窗区域的灯光就可以降低功率。同样的,到了晚间入口区的灯光也可以调暗,以降低室内外的亮度差,这对于 24 h 营业的超市非常重要。到了顾客稀少的深夜时段,就不需要让所有灯光维持 100%输出了。另外,现在很多展陈灯光也集成了人体感应器,这样当走道里没人的时候,这些展示灯光可以自动关闭。

图 15.5 的照明方案中的灯具选型如下:

A. 轨道灯。由于需要点光源和低能耗,LED 成为首选。

B. 洗墙灯。嵌入式 LED 光源,非对称配光,均匀照亮墙面。

C. 展柜内置照明。过去常用的是线型荧光灯具,现在 LED 更为流行,因为其体积更小、寿

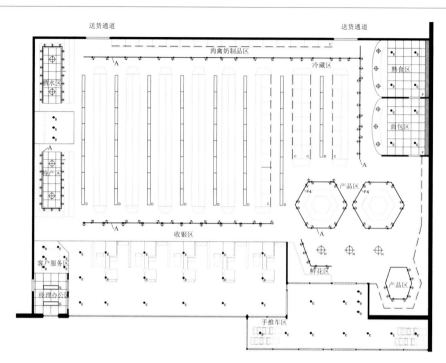

图15.5 小型超市照明平面图

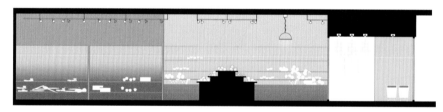

图15.6 小型超市剖面图

命更长。如果选的是荧光灯具,必须针对冷柜选择特制的镇流器。注意根据展示的商品类型选择色温和显色指数。

D. 线型直接下照吊灯。给货架提供连续的、无影的均匀照明。通常采用荧光灯或 LED 光源。

E. 筒灯。LED 最为合适,光源最好嵌入得深一些,避免造成眩光。这种天花高度选择中等光束角就可以。

F. 线型下照线槽灯。这是一种整体成型的线槽灯,内置 LED 或荧光光源。这种灯和灯盘类似,有完整的外壳、反射器、驱动或镇流器,可以直接安装到网格型吊顶里。

G. 灯盘。通常采用荧光灯或 LED 光源。

H. 吊灯。入口处的吊灯应当采用透光材质的外壳或灯罩,以迎接消费者。熟食区和烘焙区的吊灯应当采用窄光束配光,将灯光集中于柜台上,并且采用透光外壳,这样远距离就能看到其位置。

除了几盏吊灯之外,大部分灯具不是嵌入式就是不容易被看到,因此灯具外观并不重要,主要选择依据是其功能性。

案例研究 16——艺术画廊照明

　　画廊是介于博物馆和零售店之间的混合体。在博物馆中,照明应当通过灯光展现出艺术品最好的状态;而在店铺中,艺术品的展示是为了出售,因此在视觉上和心理上提升其吸引力是最重要的。

　　照明的主要任务是照亮画廊里所有的艺术品。除了油画等平面艺术品,很多画廊还会展出雕塑、玻璃工艺品、珠宝等三维立体的艺术品。照明的其他任务包括照亮画廊里的交通动线、议价区或者销售区以及装框和装箱等工作区。

　　一般来说,画廊应当采用轨道照明系统。轨道的灵活性无与伦比,并且能够根据艺术品的调整而进行简单快速的调整。轨道应当平行于展示平面艺术品的墙面设置,并且要离墙有一定距离,以满足投射角度需要。第5章中讨论过关于轨道灯设置的问题。三维立体的艺术品同样需要灵活的轨道照明,不过通常这些轨道设置在远离艺术品的地方,并且需要多条轨道。

　　在大部分画廊中,氛围照明不太重要,因为强烈的焦点照明已经能够满足正常行走和交谈的需要。不过也有例外,有些特定展会上画廊想要创造出一种戏剧性的灯光氛围,利用窄光束集中在艺术品上的焦点照明,让艺术品非常明亮,将周围空间衬托得很暗,这种情况下需要提供一定量的氛围照明,以保证基本的行走和交流的需要。

　　自动时钟控制系统是画廊控制的最佳手段。当然,有些画廊需要更为复杂或精细的照明控制手段,以便精确照亮各个展品。本案例研究不讨论画廊里的后勤空间,像是办公室、销售区、工作区等,因为这些和之前讨论过的办公室案例等设计原则一样。

　　图15.7~图15.9中展示的画廊是一间典型的中等大小的商业画廊,可以容纳很多种类的艺术形式,平面的和立体的都有,大小尺寸也很不同,最小的可以放到南侧墙面的展示盒里展出。画廊里的分隔隔断可以自由移动。入口区设置有画廊的LOGO和宣传语,让路过的人和游客能了解正在展出的作品。主要视觉任务有两样,具体描述如下:

- 焦点照明是画廊照明里最重要的部分。我们选择轨道照明,上面可以搭载可调角度并且易于移动的轨道射灯。轨道平行于北、南、西和东侧墙面,绝大部分平面艺术品会挂在这些墙上。沿东西方向的中线有一根很长的轨道,南北方向有数根轨道,可以照亮放置在画廊中间场地里的各类展品。展示盒的焦点照明灯具直接集成到展示盒内部,通

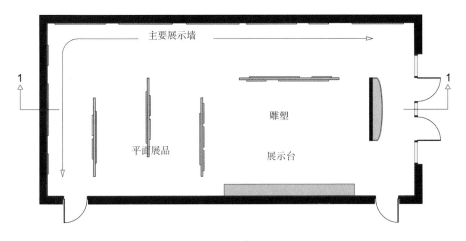

图15.7　画廊平面图

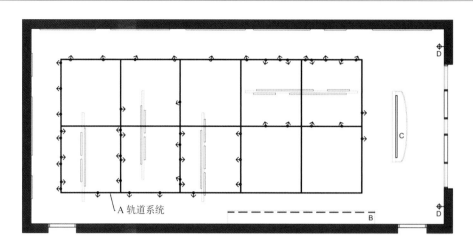

图15.8　画廊照明平面图

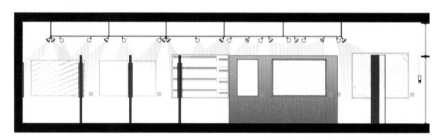

图15.9　画廊剖面图

过隐藏设计避开人的视线。为了吸引过路者的目光,在入口墙面上设置有一道透光墙面,用来突出画廊的宣传语。

· 一般来说,这些焦点照明已经足够满足画廊通常需要的氛围灯光,有一个例外是入口区,透光墙面的设计无法给东北角和东南角提供足够的氛围照明,所以我们在这里的墙面上分别设置了一套壁灯。

图15.8所示的照明方案中的灯具选型如下:

A.轨道照明。轨道灯具中应当采用点光源。传统上会使用卤素PAR灯或者MR16光源,其优势是有多种功率和光束角可选。不过,卤素光源的光效不够高,而且会产生热量和紫外辐射,这两者都会对艺术品造成破坏。近期LED的发展势头很足,其优势就是光效高,而且热量和紫外辐射都很少。

B.展示柜照明。这种灯具集成在展示柜之中,具体就是在每层搁板下方嵌入安装一小段LED灯带。

C.透光墙面。入口墙面采用发光标识的照明手法。过去,这种灯箱通常采用的是成排的荧光灯管,现在更多的是将LED灯带排布在透光材质后面。根据展品类型的不同,选择可变色的LED光源。

D.壁灯。透光材质的壁灯可以在入口区创造视觉亮点,建议采用CFL或者LED光源。

第 16 章 酒店照明设计

　　酒店业泛指招待客人的服务性行业,其目的是给人愉悦感。从餐厅到酒店、度假村、娱乐场等,都是为了把世界各地的客人吸引到某个特定的地方并使其度过一段美好时光。

　　酒店项目的照明设计在复杂度上可谓是仅次于商业项目的高要求。这些场所的很多地方照明设计的目的是创造视觉上的趣味性和吸引力,其余地方也高度主题化,相比普通房间更像是舞台。因此有必要通过灯光创造戏剧性氛围和闪光点。

　　酒店照明的挑战之一就是在提供充足的任务照明的同时,还具有一定的风格、主题和戏剧性。对有些要求高的视觉任务,比如赌场的牌桌,照度水平要求非常高,且眩光控制对于玩家、庄家和监控探头来说都很重要。照明设计师的重要任务就是判别出视觉任务是什么,并为之设计合适的照明。

　　由于变化实在太多,因此不存在某种通用的设计。不过和办公室设计一样,最好的方案就是和室内设计以及建筑的风格相统一的设计。酒店照明设计的重点是增加焦点照明、任务照明以及氛围照明,来完善整个空间的照明。

　　大多数酒店设计非常倚重枝形吊灯、壁灯、台灯、落地灯等装饰性很强的灯具,其本身也是室内设计的重要组成部分。基于此,装饰照明通常属于家具设备类成本,由室内设计师选定;而建筑照明则属于建设类成本,由建筑师或者照明设计师来选定。这些专业之间的协调非常重要,因为最终的照明效果是各方努力组合的成果,并且最终的设计还要满足节能规范要求。

　　节能规范对于酒店空间是一大挑战,通过在非重要空间使用荧光灯或 LED 等高效光源,能保证在重要空间仍然可以使用传统白炽光源。白炽灯那种自然温暖的光品质对于营造氛围至关重要。这时候分层照明就发挥威力了,设计师要尽可能地在其他空间节约能源,以实现整体达标。

　　大多数酒店建筑都有特定功能:酒店大堂始终是大堂,餐厅始终是餐厅。但也有些位置要有一定的灵活性,比如展览厅、舞厅、会议室等,会经常调整座位、隔断,因此照明系统也要能适应这种调整。

　　某些酒店空间,像是会议中心、舞厅、展览厅、餐厅等,既要有建筑照明,也要有表演照明。这种表演照明的要求还比较简单,采用轨道照明系统和单独的控制系统,保证能实现对局部的聚光照明。也有些空间需要更复杂的舞台照明系统,这种设计就需要找专业的舞台灯光顾问来帮助了。

酒店空间里会有很多种天花类型,从常见的吸声板、石膏板到装饰性的天花吊顶都有。有些空间甚至没有吊顶,以营造出阁楼公寓或者酒吧的氛围。天花对于照明甚为关键,因此照明方案必须确保和天花相适应。

对天花的关注引出了后续对于照明系统的整体解决方案。室内设计师和建筑师必须设计出一套完整的设计理念,包含明确的照明设计标准矩阵,如第9章所述。接下来,室内设计师和建筑师必须判别出所有的视觉任务,认清客人和工作人员的不同需求。

本章自然还包含了一个典型的套房的案例研究,不过和餐厅、大堂以及多功能舞厅的案例不同,客房的照明对于公共需求的考虑很少,客房通常尺寸上小得多,整体房间布局也相对简单。更重要的是,客房需要考虑住宅属性。客房当然属于本章的范畴,但其照明设计需要采用一套不同的思维方式。

本章的案例研究给出了四种典型功能空间,案例相对来说比较基本,以便更好地理解其中的照明问题。这些问题都比较基本,可以扩展到更复杂的情况中。

案例研究 17——餐厅照明

餐厅照明设计最重要的作用就是给餐厅创造格调或氛围。起初,建筑师或室内设计师就要给照明设计师准确传递其设计理念。然后照明设计师把这些理念用照明的工具和手法表达出来。一间餐厅的氛围、情调或者主题对其能否成功至关重要。有些餐厅氛围是优雅或含蓄的,也有些餐厅氛围是戏剧化甚至极端的。海鲜餐厅,特别是海边的海鲜餐厅,经常会借用传统渔船码头的设计元素,而牛排餐厅通常会模仿英国乡间旅店的氛围。无论哪种情况,餐厅的照明方案通常都要求使用装饰灯具,像是灯笼、吊灯、壁灯、枝形吊灯等。

餐厅照明最经典的问题就是对桌面的照明。食客们必须能够看清菜单、看清食物,同时能看到伙伴的面容,但又不能破坏整体氛围。有很多方法可以解决这个问题,比如在每个桌子上方安装低压筒灯或吊灯,或是在桌面上放置台灯。由于桌子是可以移动的,很多餐厅喜欢采用蜡烛或是用电池的台灯来照明。

可移动的照明工具具有很大的灵活性,但从照明设计的角度来说不是个好的方法。只要照明灯具的位置经过精心设计,即使桌子来回移动、拼桌,依然能获得好的效果。最终,照明方式的选择要和餐厅业主共同讨论确定,因为餐厅业主才是最了解客户及其喜好的人。

酒吧是餐厅的重要组成部分,通常是最赚钱的地方。有些吧台只占餐厅总面积较小的一部分,也有的面积很大。通常吧台的存在都是为了提醒食客们除普通饮料之外也提供酒精饮料。

酒吧区主要有三种差异很大的照明任务:(1)为酒吧的顾客营造灯光氛围;(2)照亮酒吧背景,突出五颜六色的酒瓶;(3)让酒保有充足的灯光可以工作。很少看到酒吧会照得很亮,整体氛围是用柔和的灯光制造亲密感,找到照度水平和色温都合适的灯具。酒吧背景要求展示出五彩斑斓的酒水和酒标，以吸引顾客的眼球，还要用镜面来加强效果。虽然给酒保提供充足的工作灯光难度较低，但避免光源被人看到同时避免反射眩光却是个挑战。

照明设计师必须理解常见的餐厅类型，了解各种类型的照明设计主题需求。对于用于家庭聚餐的餐厅，均匀的一般照明是主流，结合特色的装饰灯具来和餐厅的菜系相呼应，避免有过亮或者过暗的区域。高档餐厅要求则不同，通常要求更优雅、低调的照度水平，结合特色的装饰灯具来和餐厅的菜系相呼应，同时表现餐厅的高品质。在这个谱系里的另一端则是快餐餐厅，人们期望的是均匀的高照度，通常只采用建筑灯具，没有装饰灯，几乎都采用荧光光源。虽然有些快餐厅也有主题化的装修，但很少采用主题化的灯具。照明设计师必须注意到某些酒店餐厅照明设计的挑战，因为这里会提供早餐、午餐和晚餐。挑战包含了设计的方方面面，从空间规划到家具选型、色彩和照明。照明系统必须能匹配不同食物和用餐时间。

有些辅助性照明任务也很重要。入口处的灯光品质非常关键，因为这确定了整体的基调。精心设计的照明序列应当首先让客人注意到餐厅领班，随后是酒吧区。侍者们待的服务区要求相对高的任务照明，但光源又不能被食客们看到。洗手间必须好找，但吸引顾客的注意力去洗手间却不是好的方法。第 17 章讲述了关于公共卫生间照明的基本问题，但其中只有部分适用于餐厅的洗手间。很多高端餐厅不希望自己的洗手间显得平淡无奇，更希望其装修能和自身的地位和风格相匹配。这些洗手间的照明更类似于高档住宅里的私人卫生间，重点要考虑灯具的装饰性。

图 16.1 展示的是一间中等规模的餐厅的平面图。这间餐厅的就餐区有 82 个位子，酒吧区有 18 个。整体风格属于高档那一类。虽然餐厅也会在平日提供工作午餐，但自然采光并不重要，因为餐厅里的窗户很少，并且照不到就餐区。酒吧主要在晚餐和深夜时段营业。从照明设计的角度来看，受自然光的影响只需要把靠近橱窗的几个位置附近的灯具单独设置即可。

领班的位置在就餐区和酒吧区的中间，这样可以看清走进餐厅的每位顾客。把酒吧放在入口处是为了让每位进来的食客先停下喝上一两杯，然后坐在吧台边等待他们用餐的桌子准备好。洗手间也靠近酒吧区，通往洗手间的门位于一段内凹的小走廊里，这样门的开关不会被别人注意到。

就餐区有三种座位类型：南侧墙面的卡座区、沿着北墙和西墙的长条就餐台，以及 8 张可容纳四个人的方餐桌。此外还有两个服务区，一个在入口处靠近厨房的位置，另一个更大的在东北角。

这间餐厅要完成四项视觉任务：

- 以下几处需要焦点照明，包括入口通道的标牌、领班台北侧墙上的艺术品、北侧及西侧墙面上的艺术品。酒吧背景的瓶子处还有吧台的立面也需要焦点照明。

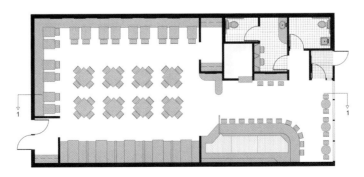

图16.1　餐厅平面图

- 酒吧台面需要任务照明,供食客和酒保使用。服务区内需要任务照明,供侍者使用,但不能破坏就餐体验。另外,洗手间的梳妆台需要无影的任务照明,同时还要保证餐厅的整体美感。
- 装饰照明始终是餐厅照明的重要元素,强化餐厅的装修氛围,要在人眼位置创造光晕和温暖氛围。
- 餐厅里大部分区域的氛围照明已经足够,适当地调节其水平可以极大影响餐厅气氛。

照明方案如图 16.2~图 16.4 所示,图 16.4 的透视图清楚展现出照明方案还是挺复杂的,因为很多灯具要兼具多种功能,以实现多层次照明。

- 西侧墙面大幅装饰画的焦点照明通过嵌入式洗墙灯具实现。北侧墙面艺术品、入口处的标牌以及吧台背景的酒瓶通过嵌入式可调角度重点照明灯具照亮。吧台正立面通过嵌入在吧台上沿的线条灯具向下照亮。
- 在酒吧区,食客们的任务照明通过小型吊灯满足。酒保的任务照明由暗藏的柜下灯提供。就餐区的活动座位通过规则排布的筒灯来照亮,这些筒灯提供了均匀的照明环境。沿着北侧墙面的就餐台由嵌入式洗墙灯照亮。洗手间和梳妆区的任务照明由镜子两边的壁灯提供。服务区的任务照明来自柜下灯具。
- 装饰照明贯穿整个空间。吧台上方的吊灯提供了人眼高度的光晕,也创造了亲近感,与邻近墙面的壁灯和吊灯形成呼应,提升立面亮度的同时也满足了基本的视觉任务需求。领班台处的吊灯让进门的顾客第一眼就能注意到领班,同时也满足了任务照明。卡座区的装饰吊灯创造了私密感,也提供了焦点照明。
- 酒吧四周的氛围照明是必需的,具体通过筒灯来实现。这些筒灯要分区控制,因为不同时段所需的照度水平差别很大。卡座区旁边的反光灯槽提供柔和的、低照度的氛围灯

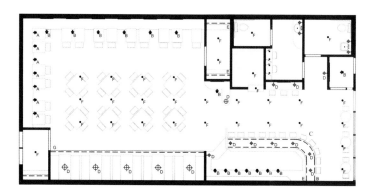

图16.2　餐厅照明平面图

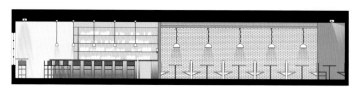

图16.3　餐厅剖面图

图16.4　餐厅透视图

光,也引导顾客走向就餐区。

照明控制非常重要,因为餐厅的氛围在不同时段变化很大。绝大多数中高端餐厅都采用预设定的照明控制系统,能够把不同就餐时段的灯光场景预先设定好。由于餐饮业工作者的高流动性,采用这种系统有很大优势,因为能够把设计师精心设计好的灯光场景保存下来,不会因为人员更换而变化。

图16.2所示的照明方案中,灯具选型如下:

A. 洗墙灯。嵌入式灯具,非对称配光结合透镜,采用卤素灯或者LED光源。

B. 可调角度重点照明灯具。嵌入式安装,内部有瞄准设计。采用低压卤素灯或LED等点光源。

C. 吧台正立面照明采用连续的、柔性LED灯具照亮。

D. 吊灯和壁灯。漫射灯罩,或者上下出光配光,提供人眼高度的光晕。

E. 柜下灯。LED灯具,照亮整个吧台下方的工作面,隐藏光源避免眩光。

F. 筒灯。采用高显色指数的点光源,中等宽度的光束角,聚焦于桌面。光源需要深嵌,避免人眼直视造成眩光,采用卤素灯或者高品质LED光源。

G. 反光灯槽。连续的LED灯带,非对称配光,简单易安装。

特定灯具的选型很重要,对于高度主题化的餐厅,要找到特定风格、复古或者定制化的灯具要花费大量时间和精力,艺术品位在其中占很大比重。

案例研究18——酒店大堂照明

酒店大堂影响人对整个酒店的第一印象。装饰照明和焦点照明对于整体设计的成功至关重要。

大堂还包含了很多视觉任务,最重要的就是服务台的照明。服务台需要使用电脑,因此这里照明的需求和需要使用电脑的办公室类似。大堂局部地区需要一定的高照度,但整体上大堂需要温暖、友好、亲切的氛围。

另一大主要的视觉任务集中在座位区,那里会有简单的阅读和交谈。礼品店的照明也要足够吸引人。入口门厅是个过渡区,要将人引入大堂的环境,行李处需要简单的功能照明。

图16.5所示的平面图,是一间复古型酒店的大堂,包括了以上所有元素。大堂的设计目的

是创造温暖、诱人的空间。当旅客穿过门厅走进大堂时,登记台映入眼帘,大堂整体很空旷,因为这里是主要的交通空间,是走向电梯的通道。右边的沙发区还设计了一个壁炉,是主要的视觉吸引点。行李处设在门厅旁边,行李寄存间的门就在身后。东南角的礼品店是全开放式的,商品都采用开架展示。整个大堂有 5 项视觉任务,具体如下:

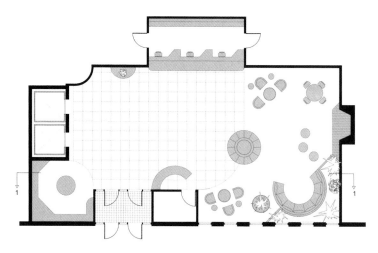

图16.5　酒店大堂平面图

- 登记台背后的墙面需要焦点照明,墙面上有信箱、告示牌。另外,这面墙也是酒店职员的背景,需要通过照明提供一定的装饰性。服务台的正立面通常用很昂贵的材料装饰,必须重点照亮。西侧小桌上的花艺是客人进门口第一眼看到的东西,要聚光照亮,吸引其走进来。礼品店的商品需要重点照明,同时四周货架上需要柜下灯。门厅侧墙的艺术品需要重点照明,以体现酒店独特的品位和特色。
- 服务台需要任务照明,行李处的桌面也需要任务照明,行李房内部更是如此。礼品店的收银或包装区需要特殊的任务照明。
- 自然光对酒店大堂很重要,能给客人创造充满活力的环境。对于朝南的窗户,必须用窗帘来保证客人的舒适。
- 装饰照明强化了酒店的整体设计主题和理念,这对酒店空间非常重要。各种尺寸的装饰灯具都要仔细选择,从大型的枝形吊灯到近人尺寸的壁灯、台灯、落地灯。
- 虽然已经有充足的焦点照明、任务照明和装饰照明,氛围照明仍然很重要。氛围照明能让整个空间在一天里不断变化。在早晨,氛围照明需要高照度,以提供明亮、有活力的空间环境。到了晚上,氛围照明的照度要调低,让焦点照明和装饰照明更加凸显。

图 16.6~图 16.8 所示的照明方案中,视觉任务的解决方式如下:

- 嵌入式洗墙灯提供了焦点照明,照亮登记台后面的墙面。登记台嵌入了一条连续的灯带,照亮正立面。嵌入式重点照明灯具照亮半圆桌上的花艺,同时也照亮壁炉区的墙面材料。礼品店的商品展架由轨道射灯来照亮。
- 登记台上方的四套吊灯给客人的阅读和签字提供了任务照明,同时其玻璃灯罩形成了空间里的亮点,让旅客进来后能迅速找到登记台的位置。职员这一侧设置了柜下灯,以满足他们的工作需求。礼品店收银或包装区侧墙上的壁灯能够满足任务照明需求。
- 大堂中央的枝形吊灯是主要的装饰灯具。和大部分酒店一样,它的主要作用是创造空间亮点。此外,在东南角的沙发区还设置了一套小号的吊灯,不仅提供光晕,也是区域

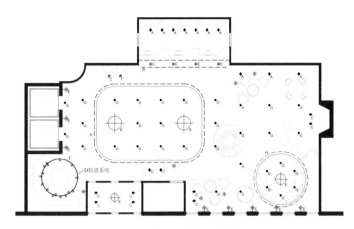

图16.6 酒店大堂照明平面图

图16.7 酒店大堂剖面图

图16.8 酒店大堂透视图

的视觉标识,与电梯区的壁灯和枝形吊灯形成呼应,同时能引导客流。

- 天花里均匀排布的筒灯已经提供了足够的氛围照明,其他部分照明灯具也提供了氛围
照明。电梯区的三套壁灯和两套筒灯在金属门和墙面上形成温暖优雅的光晕。大堂中
心处有大片天花上凹,可以利用四周的高差安装柔和的发光灯槽。另外沙发区还有若
干落地灯和台灯。

照明控制对酒店大堂特别重要。整体氛围从早到晚会有很大变化,这就要求照明系统具
备调光功能。预设定控制系统使用越来越广泛,灯光场景改变起来更为容易。定时控制应用也
很普遍,让场景切换自动完成。

图 16.6 所示的照明方案中,灯具选型如下:

A. 洗墙灯。嵌入式灯具,非对称配光结合透镜,采用卤素灯或者 LED 光源。

B. 桌面重点照明灯具。采用连续的柔性 LED 灯带最为合适。

C. 可调角度重点照明灯具。嵌入式安装,内部有瞄准设计。采用低压卤素灯或 LED 等点光源。

D. 轨道系统。轨道重点照明灯具移位和调角度都非常简易。

E. 吊灯和壁灯。漫射灯罩,或者上下出光配光,在人眼高度创造光晕。

F. 柜下灯。LED 灯具,照亮整个吧台下方的工作面,光源隐藏避免眩光。

G. 筒灯。采用高显色指数的点光源,中等宽度的光束角,将光聚焦于桌面。光源需要深嵌,避免人眼直视造成眩光,采用卤素灯或者高品质 LED 光源。

H. 反光灯槽。连续的 LED 灯带,非对称配光,简单易安装。

总而言之,酒店的灯光品质要具备商业照明的舒适和温暖的特性。过去,这主要通过采用白炽光源来实现,但现在节能规范要求和高昂的维护成本让白炽灯的使用越来越受限。大型的酒店,还会大量使用卤素光源,不过高品质的 LED 光源越来越流行。中低端的酒店还可能使用节能灯(CFL)或者普通 LED 来表现其品牌的经济属性。

对于装饰和可移动灯具,由于灯罩是不透明的,因此客人很难看出不同光源的区别。在这个酒店大堂里,枝形吊灯会采用部分反射材质,能够创造一定的闪光。现在很多 LED 光源可以模拟传统白炽灯或卤素灯的光品质,同时还能满足节能要求和维护需求。灯具的选型要匹配整体建筑和室内装修的风格及品质。这方面的要求很难用语言阐述,因为涉及的都是审美相关的因素,要靠长期试错的经验才能让设计师在这方面得到提升。

案例研究 19——酒店套房照明

在过去的二十多年里,酒店业的主要发展趋势是增加小型套房的数量,而不是增加单人标间数量。虽然小型套房需要更大的面积、更多的家具,因此建造成本更高,但市场反馈很好,入住率也更高。单人标间和标准套房有个共同特点:建筑布局基本是标准的矩形,没有吊顶,地板、墙面、天花都只有简单的装修。这种设计基本排除了在卧室和客厅采用天花嵌入灯具。不过,入口和浴室通常还是有吊顶的,以便安装机电管线,因此这里可以安装天花筒灯。

客房设计是要传达出一种居家的氛围,但同时也要易于清理维护,经久耐用。由于两块主要空间无法采用天花灯具,台灯和壁灯便成了常见选项。其照明设计的主要挑战是提供足够的灯光以满足视觉任务,同时还要有足够的灵活性,以满足不同类型的用户需求。

图 16.9 就是本案例研究的套房的平面图,主要包含 5 项视觉任务:

- 套房里不需要焦点照明。房间里的艺术画纯粹出于装饰目的,不需要额外的灯光。
- 厨房区、客厅写字台、床上阅读区、卧室阅读椅以及盥洗室的梳妆区需要任务照明。客厅和餐厅里的阅读需求只是偶尔发生,通过氛围照明足以满足。
- 自然采光和室外风景对于酒店客房非常受欢迎。不过一定要提供窗帘以保证隐私和遮蔽日光。
- 客房装饰照明可以大大加强整体空间设计风格。所有的可移动灯具都有装饰潜力,建筑师或室内设计师需要和照明设计师紧密配合,找出既有装饰性又能满足氛围照明需求的灯具。
- 整个套房都需要氛围照明。

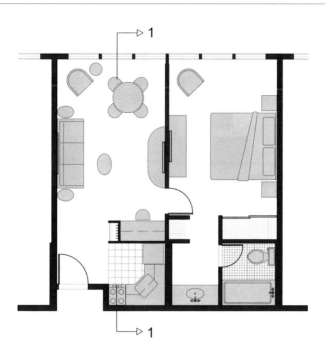

图16.9　酒店套房平面图

具体的照明设计方案如图 16.10、图 16.11 所示,灯具排布和选择依据如下:

- 厨房和客厅办公桌的任务照明用柜下灯具满足。卧室床头柜设置台灯,阅读椅旁边设置落地灯,可以满足阅读需求。卧室盥洗台镜子两边有通体发光的壁灯,为梳妆提供无影的照明。

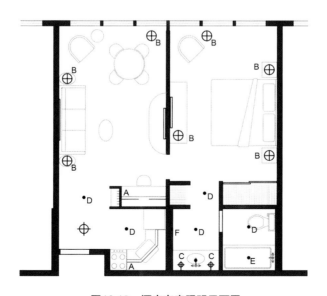

图16.10　酒店套房照明平面图

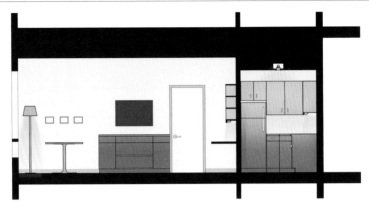

图16.11   酒店套房剖面图

- 装饰灯具的选择需要照明设计师和建筑师或室内设计师共同努力。
- 入口区域中心、厨房区的天花筒灯提供了氛围照明。浴室西侧墙面离地 40 cm 处有一套小夜灯。客厅西侧和北侧有若干套台灯和落地灯,可以满足交谈和用餐的需求。卧室五斗橱上的台灯能够柔和照亮房间的这部分区域。

开关设计要尽量简单,因为客房必须舒适,开关要放在客人伸手可及的地方。入口门旁边要设置能够控制门厅筒灯的开关,厨房、卧室、浴室进门处也要有开关。其他灯具的开关为感应开关。

图 16.10 所示的照明方案中,灯具选型如下:

A. 柜下灯。荧光灯或 LED 光源,照亮整个吧台下方的工作面,光源隐藏避免眩光。

B. 台灯和落地灯。具体大小和尺寸需要在立面图中比选。上下出光,透光灯罩,在人眼高度提供光晕。优选 LED 光源,因为其节能和寿命长。

C. 装饰壁灯。高显色性和暖色温光源,提供平面的、无影的灯光,优选荧光灯或 LED 光源。

D. 筒灯。LED 光源最优。LED 光源尽量深嵌,避免直视光源造成眩光。天花高度适合宽光束。

E. 浴室筒灯。带透镜的筒灯,防护等级能满足浴室的潮湿环境要求。

F. 夜灯。嵌入式非对称配光灯具,光源隐藏避免直视。LED 光源使用最普遍。

特定灯具的选型很重要,要找到特定风格、复古或者定制化的灯具要花费大量时间和精力,艺术品位在其中占很大比重。这方面的要求很难用语言阐述,因为涉及的都是审美相关的因素,只有长期试错的经验才能让设计师在这方面得到提升。

案例研究 20——酒店舞厅照明

酒店的舞厅其实是个多功能厅,既可以在此举办舞会,也可以将其当作展览厅、会议厅、报告厅、剧场、教室等。活动类型只受房间大小和天花高度的限制。大多数舞厅可以分为几块区域,可以同时做不同用途。我们无法预测出所有潜在的视觉任务,也就不可能全部提供正确的照明。最好的方法是找出最常见的视觉任务,提供永久的和临时性的解决方案。

图 16.12 显示的是一个舞厅的平面图。这是个现代风格的中型舞厅,四等分布局,通过两套可移动隔断,将整个房间隔成两个小房间和一个大房间。图中这两个小房间都被布置成小型报告厅,前面有演讲台。吊顶高度很高,可以安装各种类型的灯具,以满足多功能的需求。枝形吊灯、灯槽、筒灯、壁灯、可调角度重点照明灯具组合使用。整个舞厅有四种主要的视觉任务:

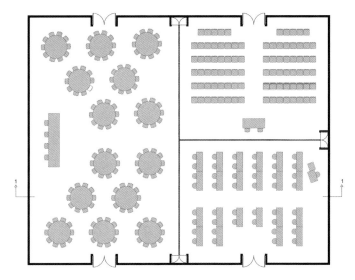

图16.12　酒店舞厅总平面图

- 演讲台需要焦点照明,有时候也是小舞台或者演奏台。
- 整个大空间里的会议桌、课桌等都需要任务照明,包括举办展会时的展览台。有时候还可以设置临时性的焦点照明。
- 装饰照明能配合设定整个房间的装修基调。无论是房间分隔还是未分隔都要满足要求。
- 为保证房间的灵活性,需要采用氛围照明来控制房间的整体照度,以改变空间氛围。

图 16.13、图 16.14 所示的整体照明方案对灯具设置和选型的考虑如下:
- 焦点照明。采用嵌入式可调角度窄光束灯具,对准讲台、舞台可能的位置。设计时考虑到天花高度很高,因此光束角必须集中,才能提供重点照明。
- 筒灯均匀分布,为整个空间提供统一的任务照明。筒灯需要中光束角,以保证照度,但是筒灯之间间距要合适,避免在地面和桌面上形成过强的光斑。
- 装饰照明。由于枝形吊灯对整个舞厅而言十分重要,其尺寸和光品质都非常关键。除了提供一定水平的氛围照明,枝形吊灯还要在空中创造很多闪烁亮点。舞厅四周墙面的壁灯对于氛围照明贡献不大,其主要目的是在人眼高度创造光晕。
- 天花四周的发光灯槽要创造柔和、均匀的面光,可以给整个空间提供氛围照明。

通常舞厅都有复杂的调光控制系统,以保证每组灯具都能单独控制。有些舞厅还会专门设置控制室,共同控制建筑照明和舞台照明。简单些的舞厅,也会采用预设定调光控制系统,能够预设 4~5 套灯光场景,以及一套"全关"场景。

图 16.13 所示的照明方案中,灯具选型如下:

A. 可调角度重点照明灯具。嵌入式安装,内部有瞄准设计。建议选用 PAR 型光源或 LED 等点光源,都要高光通型号。

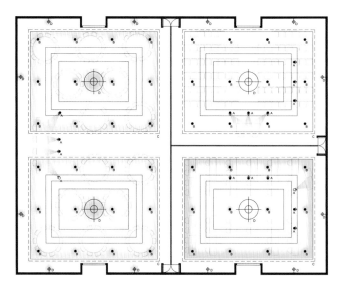

图16.13 酒店舞厅总照明平面图

图16.14 酒店舞厅局部透视图

B. 筒灯。优先采用 PAR 型或 MR 型光源,因为它们可以为桌面提供重点照明,突出餐具或会议资料。LED 逐渐成为主流。光源必须深嵌,以避免直视光源造成眩光。

C. 灯槽。优先选用线型 LED 线槽灯具,因为其易于安装、节能并且寿命长。很多舞厅会采用变色 LED 灯带为派对或婚礼提供额外特效。

D. 枝形吊灯和壁灯。上下出光,透光灯罩,在人眼高度提供光晕。

特定灯具的选型很重要,要找到特定风格、复古或者定制化的灯具需花费大量时间和精力,艺术品位在其中占很大比重。这方面的要求很难用语言阐述,因为涉及的都是审美相关的因素,只有长期试错的经验才能让设计师在这方面得到提升。

第 17 章 公共空间照明设计

　　几乎所有的建筑都有所谓的公共空间，具体包括大堂、走廊、楼梯等。非住宅建筑里的公共卫生间也属于公共空间，还有大型商场、机场等。

　　虽然公共空间到处都有，但它们的照明需求却各不相同。在住宅里，走廊和楼梯是私人环境的一部分；而在非住宅建筑中，它们属于公共区域。对于公共卫生间，有的讲究实用主义装修很简单，有的则装修精美甚至豪华。在机场这样的大型公共建筑中设计出让人舒服的等候区对建筑师、室内设计师及照明设计师都是项很大的挑战。购物中心，既要让人员充分流动，又要让店铺能够抓住顾客的注意力，对照明设计来说也很有难度。

　　解决这些公共空间照明问题的手法多种多样，它们的共同点在于照明要求比较固定，不会有大的变化，一旦安装好了就几乎不会调整。另外，公共空间几乎会用到所有类型的灯具和光源，从基本的到复杂的，从简洁的到装饰性强的。

　　除了住宅以外，对于公共空间的照明有很多规范限制，因为这些空间都直接或间接地和大楼的逃生有关。通常这些地方不会有复杂的视觉任务，不太需要很高的照度。但是，当大楼断电时，给这些地方提供基本的逃生辨别方向需要的照度是个重要要求。所有非住宅建筑里，应急照明系统都是整个照明的重要组成部分，必须采用电池供电或者用应急发电机供电。

　　对某些消防楼梯和逃生通道来说，基本的照明方式可以接受，因为这些地方很少有人使用。但除了这些纯功能性空间，大部分公共空间需要对照明适当做些美化。走廊通常不被认为是有趣的空间，不过精心设计的照明可以增加亮点，对于连接大量办公室、公寓、病房、酒店房间的长走廊来说尤其如此。通常像中庭、大堂、主入口等空间是设计的重点，包括照明设计也是，项目预算中的大头也花在了这些地方。主入口尤其重要，因为这里是访客对建筑的第一印象，确定了整个建筑的基调。这些特殊空间通常需要建筑师、室内设计师和照明设计师之间的紧密配合。

案例研究 21——公共卫生间照明

公共卫生间由于定位和预算不同,其品质从极简到豪华都有,可容纳人数也大相径庭。大多数人可能都感受过不同卫生间之间设计档次的巨大差异。显然,照明设计必须和卫生间的整体风格相匹配。

图 17.1 所示的公共卫生间平面图,无论是大小还是装修档次都属于中等,这在办公楼的标准层或博物馆中很常见。除了女性卫生间里的梳妆区以外,两边厕所里的照明需求完全一样,具体的照明层次需求如下:

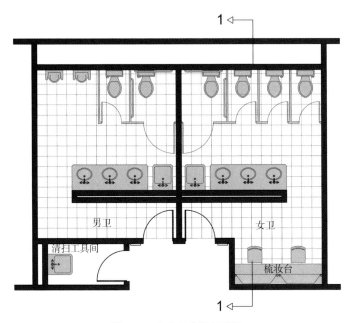

图17.1　公共卫生间平面图

- 焦点照明。门口表示男女的标识需要亮度焦点照明,让用户能够很容易找到方向。
- 在洗手区需要亮度相对高一点的任务照明,不过只要比周围的氛围照明稍高一点就行。有比较复杂的视觉任务的地方是女卫的梳妆台,需要高照度的灯具。
- 需要一些装饰照明来弱化卫生间的简陋氛围。
- 卫生间需要提供舒适的氛围照明,让进来的用户可以自如行走,小便区和马桶隔间需要洗墙灯提供氛围照明。如第 11 章(家居)和 16 章(酒店)所述,均匀、无影的照明对于梳妆来说最有利。

图 17.2 和图 17.3 所示的照明方案通过以下方式来解决视觉任务:

- 入口区域需要焦点照明,照亮男女标识。注意这里的天花要抬高 10 cm 左右,可以采用石膏板吊顶,因此灯具的位置不需要和外面走廊的方格对齐。
- 洗手区的任务照明由装饰性壁灯提供,壁灯安装在镜子和镜子中间,位于洗手池的上方;这些灯具给脸部提供非眩光的照明,并且其亮度足够用户洗手。和其他空间的装修不同,卫生间里墙和地面倾向于采用耐久型材料,例如瓷砖或石材,因此其反射性也比较固定。
- 在坐便器间和小便区,用连续的反射灯槽,提供均匀的洗墙灯光来满足氛围照明。在男女卫的入口区域,用三套洗墙筒灯照亮墙面,引导人们走进内部。洗手区的壁灯提供了一定的装饰效果和怡人氛围。

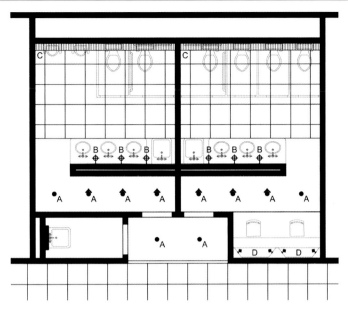

图17.2　公共卫生间照明平面图

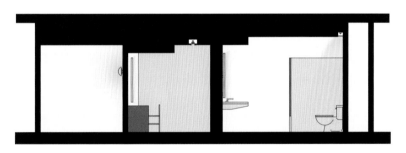

图17.3　公共卫生间剖面图

这种空间的开关通常是由中央总控箱控制的,在营业时间灯光全开,营业结束后就自动关闭。也有很多卫生间采用人体感应控制,不过要仔细选择传感器的位置,防止灯具长时间关闭。

图 17.2 的照明方案中对应的灯具选型如下:

A. 筒灯及洗墙筒灯。LED 是最合适的光源,光源应当深嵌入灯体,避免造成眩光。采用宽光束角。

B. 洗手池壁灯。上下均分出光,带透光灯罩,采用 CFL 或 LED 光源,高显色性和暖色色温。

C. 坐便器间的直接灯槽。预制的 LED 或荧光线槽灯,可直接嵌入方格吊顶安装。

D. 梳妆台壁灯。荧光灯或 LED 光源,直接紧贴安装于镜子两侧。采用暖色温和高显色指数光源。

灯具的外观主要根据建筑及内装风格而定。对于卫生间来说,由于整体风格比较简洁大方,灯具选择也以简洁为主。对于某些装修豪华的卫生间,如高档餐厅或酒店中的卫生间,可考虑采用装饰性强的灯具。

案例研究 22——走廊及楼梯照明

人们到处都可以看到走廊和楼梯。楼梯可能非常简陋,也可能装修精美,有的甚至是整个建筑里的核心元素。楼梯需要考虑的首要问题是安全,因为这是危急时刻的逃生通道。走廊和楼梯的设计,包括照明设计,在各种建筑规范中都有严格要求。

走廊的宽度范围很大,在住宅建筑中,楼层里的走道通常很窄;而在学校或大型公建中,由于人流量大,走廊宽度就很宽。走廊的风格也决定了整个建筑的设计格调,特别是对于酒店、公寓楼、办公楼更是如此。很长的走廊会在视觉上给人压力,因此要通过设计手法消解那种冗长感。

楼梯种类繁多,从很少有人走的消防楼梯,到酒店大堂里引人注目的大旋转楼梯。住宅中的楼梯更为人性化,和整个建筑及室内元素相融合。无论何种情况,楼梯都是项复杂的设计任务,是设计师们的挑战。

走廊和楼梯主要的视觉任务就是通行,一般不会很复杂,照明水平以中低档为主。楼梯照明必须提供清晰的视野,让人看清地面高低的变化,以减少绊倒和摔跤的风险。一般来说,楼梯照明主要的作用就是保障安全。特别是当发生危险时,楼梯和走廊要保证人员快速逃生,考虑到断电的风险,建筑规范中明确要求在这些地方提供辅助照明或应急照明,虽然照度水平要求不高,但对可靠性要求很高。

本次案例研究和之前的不同,给多种楼梯和走廊提供了通用的照明方案,不像以前那样针对单个案例做深入分析。我们用简单的天花平面来表示走廊,宽度大约是 1.5 m。

走廊

图 17.4 所示走廊 A,其照明方案在非住宅建筑中很常见。由于走廊天花中要走很多机电主管线,因此通常采用吸声板吊顶,以方便检修。这里采用嵌入式荧光灯盘,安装间距约是 3 m,导致走廊里产生明暗相间的变化。如果换成透镜式间接照明灯盘,整体均匀度以及墙面照明都能大大改善。所有灯光都是下照的,导致非常平、没有节奏的照明效果。

图 17.4 中采用的是 600 mm×600 mm 的灯盘;也可以采用 300 mm×1 200 mm、600 mm×1 200 mm 的灯盘;还可以采用 10 cm 宽的线条灯,横向安装,以消解走廊的纵深感。灯具不一定要安装在走廊中间,吊顶板的布局也可以适当调整,形成非对称的效果。不过,灯具不应放在贴近走廊墙面的位置,这会导致墙上出现高光亮斑。光源的选择要保证不仅灯具正下方照度达标,而且灯具之间的间距也达标。可以在灯盘中选择几套作为应急照明,内部加装电池或者连接上备用电源。

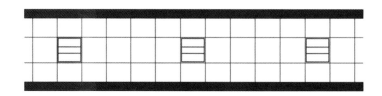

图17.4　走廊A照明平面图

图 17.5 所示的走廊 B,是在住宅和非住宅建筑中都很常见的照明方案,具体区别是住宅建筑中很少使用吸声板吊顶。在走廊里使用嵌入筒灯很常见,不过增加一组洗墙灯可以打破走廊的平淡感,增加墙面照明。如果灯具能匹配装修风格或者艺术品,就可以创造很强的冲击力。灯具可以不布置在中线上,制造非对称效果,可以靠近某一侧墙面,在墙上打出扇形的光斑。选择几套灯具作为应急照明,内部加装电池或者连接上备用电源。

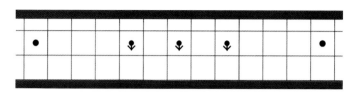

图17.5　走廊B照明平面图

图 17.6 所示的走廊 C,是采用壁灯和装饰天花灯作为走廊主要照明手段。它们的优势是在走廊里同时提供了直接照明和间接照明,在人眼位置也有发光亮点,提高了装饰性。缺点就在于灯具的位置要避免和门冲突。灯具还要等距排布,以避免造成视觉混乱。

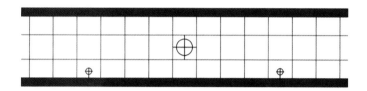

图17.6　走廊C照明平面图

对于公寓楼、宾馆来说壁灯很适合走廊,因为这些地方门的位置几乎不会变。但是办公楼里门的位置会经常变动,壁灯就不适用了。

在走廊里壁灯是重要的设计元素,要仔细选择其外观,使其符合整个走廊的建筑或室内设计风格。光源的选择要保证灯具下方以及灯具之间的照度都符合要求。美国残疾人协会要求灯具凸出墙面不能超过 10 cm,并且离地高度不能小于 2 m。可以选择其中几套灯具作为应急照明,内部加装电池或者连接上备用电源。

图 17.7 所示的走廊 D 的照明设计是酒店里常见的走廊照明手法,这种走廊的特征是客房门之间几乎是等距的。从照明设计的角度来看,这样创造出一种在普通走廊里不多见的视觉趣味。对于类似的建筑风格也适用,前提是走廊里的房门相对于墙面都是凹进去的。如图 17.7 所示,每个房门上方的石膏板吊顶里都有一套筒灯照亮门口。对于大部分酒店来说,客房门都是成对出

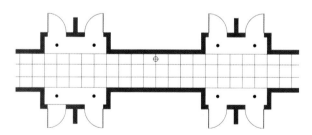

图17.7　走廊D照明平面图

现的,每组门之间间距有 7.5 ~ 9 m,在中间的墙上会安装一套壁灯,如图 17.7 所示。

如果选择了壁灯,其外观就很重要,要和整体的建筑及室内设计风格相匹配。这种照明方案除提供视觉上的趣味性,也为客人用门卡开门时提供了必要的任务照明。光源的选择要保证灯具下方以及灯具之间的照度都符合要求。可以选择其中几套灯具作为应急照明,内部加装电池或者连接上备用电源。

图 17.8 和图 17.9 分别是走廊 E 的照明平面图和剖面图,表示的是采用灯槽作为走廊照明的手法。这种手法可以提供一种连续的、相对无影的光效。但对于走廊上有凹龛或者交叉的情

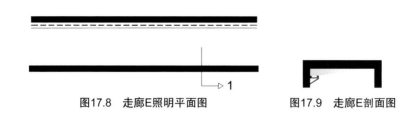

图17.8　走廊E照明平面图　　　　　　图17.9　走廊E剖面图

况就不太适用。

对于特别宽的走廊,尤其是医院或者疗养院,双侧灯槽可以提供均匀、柔和的墙面照明效果,避免光滑表面上的高光反射造成眩光。

灯槽照明需要连续的线型灯具,所以 LED 线槽灯最为适合。应急照明可以在灯具中间隔选择几套,内部加装电池或者连接上备用电源。有必要注意的一点是,这种照明手法虽然效果怡人,但能耗上很可能超过了规范要求。这时候可以采用所谓的空间补偿法,用能耗远低于规范要求的其他空间抵消灯槽照明的功率密度。

图 17.10 和图 17.11 分别是走廊 F 的照明平面图和剖面图,表示的是灯槽照明的一个变种,对于很长的走廊相当适用,而且更为经济、简便,同时还能打破冗长走廊带来的压抑感。剖面图显示,当走廊门开启时不会直接看到荧光灯管或 LED 光源。剖面图还显示出光源到天花之间有足够的距离,保证日后可以对光源进行更换。可以选择其中几套灯具作为应急照明,内部加装电池或者连接上备用电源。

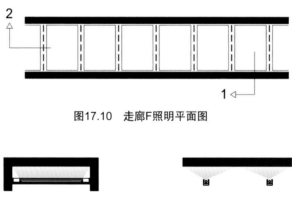

图17.10　走廊F照明平面图

图17.11　走廊F剖面图

楼梯

多层建筑中几乎都能见到封闭式的楼梯井,对于办公楼、酒店以及公寓楼等建筑,楼梯井通常只用作逃生通道。不过在很多建筑中楼梯是重要的垂直交通通道。显然,经常使用的楼梯需要更精细的设计。

这种封闭式楼梯井的一种常见照明手法就是在每层平台上安装上下出光的壁灯、荧光灯或 LED 光源,以提供适当的安全照明。选择不同的灯具,还能提升空间的设计感。换成吸顶灯也同样有效。

对于极少使用的消防楼梯,照度水平可以设得低一些。对于经常使用的楼梯,照度水平应当和普通走廊差不多。

对于有窗户的楼梯井,灯具排布可以适当调整,配合建筑设计和自然采光设计。如果楼里设计有应急电源,楼梯井里的所有灯具都应该接入应急电源;否则应该采用电池供电。

图 17.12 和图 17.13 展示的楼梯照明设计属于非常基本的手法。该方案在每层转换平台的墙面上安装透光材质的壁灯,灯具安装于人手无法触摸到的高度,出光方向正对着台阶踏步,可以看清楚每级台阶。在明亮的白天,电梯井外侧墙面上的大开窗能够提供足够的照明。如果这个楼梯用于日常的人员通行,那就需要装饰性更强的照明效果,比如选用外观更时尚的壁灯。

对于距离更长的单跑楼梯,楼梯下表面是很长的斜面,常见的做法就是在斜面大花上安装筒灯。灯具需要仔细选择,避免人员上下楼梯的时候直接看到立面的光源。这种楼梯形式在住宅建筑中更为常用,灯具外观也要和周围的室内设计风格相匹配。

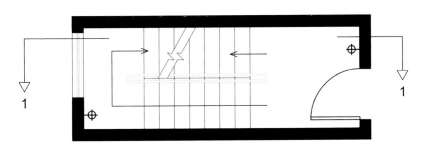

图17.12 楼梯照明平面图

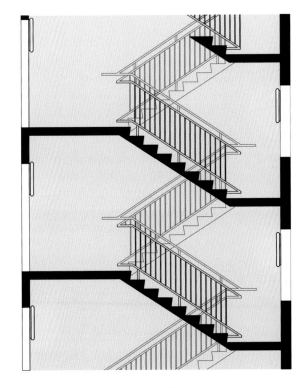

图17.13 楼梯剖面图

有很多楼梯照明手法是直接在台阶踏步上方安装灯具,这样安全性是足够了,但无法提供充足的氛围照明,需要一定的照明补充。解决方法之一就是在楼梯扶手上内置安装荧光灯或

LED 线条灯,也可以直接照亮台阶。

另一种方法是在台阶的侧墙上嵌入安装小型灯具,通常是每隔两三级台阶安装一套,光源选择卤素灯、CFL 或者 LED。直接在每级踏步下方安装 LED 线条灯能创造更加有趣的照明效果,而且对于安全照明也足够了。这种方法造价较高,而且安装、维护都很困难,但在特定场景下可以创造优异的效果。

开关及控制

充分了解人们进出房间以及楼梯、走廊的方式,可以很好地指导我们设计住宅建筑里的开关设置,调光器的使用也是同理。在一个长走廊的两端需要设置三联开关,楼梯的底端和顶端也是如此。

非住宅建筑里的楼梯和走廊照明通常是在中央控制箱里控制,防止用户随意关闭重要逃生通道的照明。此外还会结合时间控制照明,在人员稀少的时段降低照明。

应急照明

建筑规范要求所有非住宅建筑都要在正常电力切断时提供应急照明。此外针对特殊类型建筑如医院、学校等的应急照明还有额外规定。

一般来说,逃生通道必须保证不低于 10.76 lx 的照度值,并且灯具之间间距不应超过 15 m。

应急照明的电源供电有两种方式。可以通过应急发电机给特定灯具提供电能,这种方式比较适合大型建筑,因为可以承受综合成本。而对于小型建筑,常见的做法是采用双头或三头的蓄电池应急灯,这样可以省下应急发电机的费用。从美观角度来说,设计师通常不喜欢蓄电池应急灯,因为和周围环境很难协调,但通常建造成本还是更为重要。

灯具及光源

在之前的照明方案讲解中提到了灯具和光源的选择。几乎每种灯具类型都在走廊和楼梯中用过,光源的选择取决于需要的照度水平。灯具选择要考虑和建筑风格相统一。不过走廊和楼梯通常被认为是无趣的空间,很少有人想到去设计有创意的照明效果。当预算允许时,楼梯和走廊很适合采用一些定制灯具。

案例研究 23——机场候机区及购物区照明

图 17.14 展示的是一个机场候机楼出发层候机区的平面图,是众多交通枢纽等候区的典型案例。在此案例中,中央走道的一侧被出租作为商铺。虽然可以将中央走道看作一条走廊,但其宽度和人流量与之前讨论的走廊完全不同。因此,本案例讨论的是个全新的问题。

在机场候机区,有两个基本位置需要重点关注:

首要位置是等候区本身,主要的视觉任务包括:(1)在空间里行走;(2)和一同候机的人随意交谈;(3)休闲阅读。

另一个位置就是登机口接待台。首先这里需要焦点照明,以便旅客能快速定位。此外登机口还有自己的视觉任务,空管人员需要足够的照明来完成读写工作。

中央的旅客走道,基本只有一项视觉任务:行走。这个任务看起来简单,但照明要求却很复

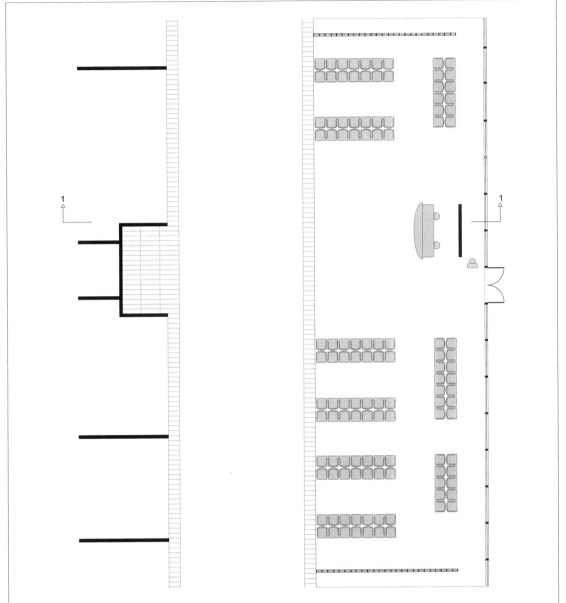

图17.14 机场候机区平面图

杂。走道的一侧是商铺,会吸引旅客大量的注意力,而另一侧则是相对不起眼的等候区,因此如何在两边不同的照明条件下找到平衡很具有挑战性。常见的候机楼,等候区的另一侧通常都是大面积的落地玻璃窗,白天时会有大量自然光照入室内。另外,通常出发层都位于候机楼的顶层,沿着走道方向都会有采光顶。简而言之,本案例研究中没有通行的解决方案,每个具体项目都有其特殊性,需要单独解决。

本案例的照明方案如图17.15和图17.16所示,具体方案如下:

- 登机门附近的标识牌需要焦点照明。虽然可以用重点照明灯具来实现,不过最好的方法是采用背光灯箱来制作标牌。另外店铺的标牌也需要焦点照明,这通常由店铺自行完成,但要遵从建筑整体的规范要求。
- 两处位置需要任务照明:(1)办理登机牌的柜台,通常由柜下灯具提供充足照明,可供读

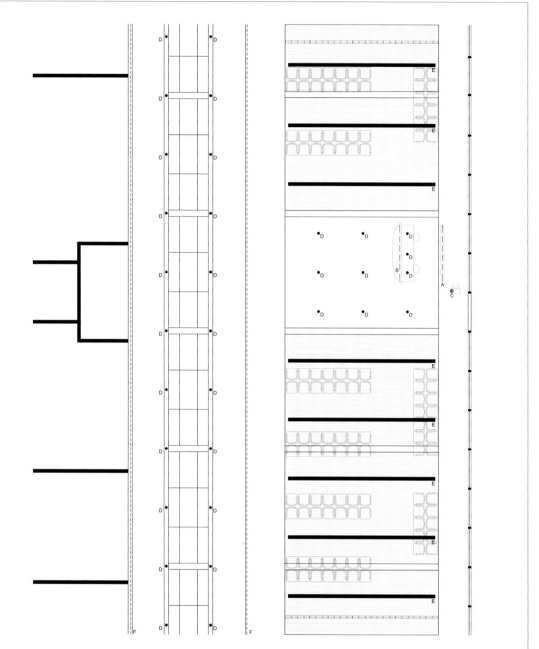

图17.15　机场候机区照明平面图

写;(2)登机口工作台,空管人员需要检查旅客的登机牌。

- 大型天窗和大面积落地窗是机场航站楼的重要特征。这让疲劳的旅客们可以看到飞机和跑道,能够缓解旅行的疲劳。照明设计要处理好白天和夜晚的平衡,特别是夜晚室内过亮的照明会在玻璃上产生镜面效应。这种公共空间里通常很少使用遮阳帘,所以对于朝南的窗户,要考虑利用室外的建筑元素来控制直射阳光。在机场主通道上空,通常都有连续性的天窗,可以考虑使用光电传感器来调暗或关闭部分人工照明,能够节省大量能源。
- 整个空间需要氛围照明。等候区中间的登机检票区是空间里主要的功能区,这里设置

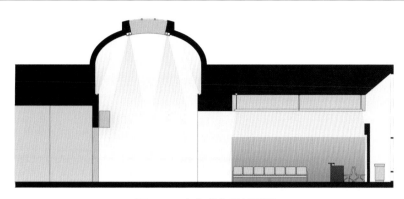

图17.16 机场候机区剖面图

了均匀排列的 9 套筒灯。在两边的大片座位区,天花铝板上嵌入安装了 8 行线条灯。宽阔的走道区用两种方式照亮:(1)两条连续的反光灯槽,突出建筑拱顶的两条边线;(2)均匀分布的两排筒灯。

照明设计手法必须考虑整个空间的两大特质:第一,白天会有大量的自然光从天窗和大落地窗进入室内;第二,西侧的店铺为了吸引顾客的注意力也会有很强的灯光。关于商铺照明的手法可以参考第 15 章的案例研究 14。

作为大型公共空间,不需要个性化的控制和灵活性。所有的开关都由临近的电源箱控制,或者采取定时控制。如前文所述,充足的自然光让日光感应控制成为可能。

图 17.15 所示的照明平面图中的灯具选型如下:

A. 标识墙。随着小型化 LED 的出现,现在常用的光源是 LED 灯带或 LED 板。

B. 柜下灯具。LED 线条灯,直接下照提供任务照明,注意隐藏光源避免产生眩光。

C. 台灯。建议选用 CFL 或 LED 光源。

D. 筒灯。LED 光源最为合适,光源应当深嵌,避免产生眩光。

E. 7.2 m 长的线条灯具。荧光光源或 LED 光源。

F. 间接灯槽。非对称配光下的线型灯具,荧光光源或 LED 光源。

第 **18** 章　室外照明设计

　　虽然关于室外照明设计的方法和应用可以另写整整一本书，但还是在本章尽量简要地给大家做个介绍，聚焦于建筑室外的照明如何影响室内。

室外照明设计方法

　　室外照明的设计流程和室内照明设计并没有很大的不同，但是实现效果的手法却有区别。回到第 9 章中我们讨论过的设计流程，四个步骤仍然有效：

第 1 步：描述需求。

第 2 步：确定层次。

第 3 步：选择灯具。

第 4 步：协调设计。

　　对于室外照明，仍然需要确定设计理念和光品质，确定灯光的层次，选择合适的光源和灯具，以及协调整个设计。室外照明还需要些特定的考虑，包括晚间和白天的效果对比、安全问题以及对周围环境的影响。

　　室内和室外照明最大的区别，在于室外照明没有一个容纳的容器，所以设计时应当越简化越好。减少室外照明也就减少了照向夜空的光污染，同时也节约了能源。此外，由于室外照明缺少建筑结构的遮挡，因此在灯具选择时要格外注意眩光防护。

光的品质

　　过去在室外照明领域，色温和显色指数没有光效和寿命那么被重视，所以很多停车场、车库、建筑立面以及景观区域都采用钠灯和汞灯进行照明。随着金卤灯、荧光灯以及 LED 光源的发展，光的品质明显改善，设计师们也对光的颜色品质越来越重视。好的颜色品质除了让照明效果更美观，也改善了晚间的可见度和颜色辨识力，这也提升了人们的安全感。

光的量

在开始室外照明设计之前,有必要利用分层法来决定哪些区域需要着重照明,尽量避免过于平均的平面化的照明。和室内照明类似,首先确定焦点层次和任务层次,通常不需要用氛围照明进行补充。由于夜间室外环境比较暗,所以室外被重点照亮的区域和周边的对比度相比于室内要高得多,提升了室外照明的戏剧性(图18.1)。虽然这种效果是我们追求的,但要注意避免过度照明造成的眩光和光污染。

图18.1　高对比度室外照明实例

电气师笔记

IESNA 也给室外照明提供了推荐值。不过,室外照明的推荐值和室内不一样,因为其和周围环境有关。IESNA 根据区域类型和环境光水平对室外环境做了分区,具体如下:

- LZ4:高环境光。主要指人类活动频繁的地区,人们已经适应了高水平、较高均匀度的照明。到了活动减少的深夜时段可以降低照明水平。
- LZ3:较高的环境光。主要指有规律性的人类活动的地区,用户已经适应了较高水平的照明。大部分地区可以在深夜时段降低照明水平。
- LZ2:适度的环境光。主要指有少量人类活动的地区,用户更适应较低水平、不太均匀的照明。大部分地区可以在深夜时段降低照明水平。

- LZ1:低环境光。主要指照明会对动植物造成负面影响的地区,只提供基本的安全和便利所需的照明。大部分地区应当在深夜时段关闭照明。
- LZ0:没有环境光。主要指照明会对动植物造成危害的地区,或者照明会影响室外环境的地区,用户已经适应了很低水平的照明,只提供基本的安全和便利所需的照明。在不需要时应当立即关闭照明。

具体请参阅《IESNA 照明手册》(第十版)。

应用

以下描述的照明应用代表最常见的室外照明类型。

重点照明

和室内照明的焦点照明一样,室外照明的重点照明是在立面上创造高亮点、视觉兴趣点以及起一定的导向作用。虽然每个设计都各不相同,但是建筑上的特征部位如浮雕(图 18.2),或者自然景观如喷泉或大树(图 18.3),通常都会被当作

图18.2　雕塑焦点照明
(图片来源:哈尔金·梅森)

图18.3　树木焦点照明

重点照明的对象。当建筑师、室内设计师、景观设计师和照明设计师一起工作时，就应当把室外和室内的设计理念结合起来。室外空间成为室内设计的引导，或者室内设计受到整个建筑外观的影响。

立面照明

立面照明能够提升整个建筑夜间的能见度，同时也激活了整个区域。立面照明的手法很大程度上受到建筑类型和风格的影响。常见立面照明设计手法有以下两种：

1. 给整个建筑提供均匀的面光（图18.4）。
2. 重点照亮建筑上的特征部位（图18.5）。

当然，我们也可以将两种手法结合起来使用，但每种手法都各有优劣。均匀的面光很适合缺少细节的建筑，但要注意不要过度照明。此外，通常大面积玻璃幕墙不适合采用这种手法，因为会造成反射和光污染。一般来说，照亮特定的建筑元素更为高效，也能制造出更好的效果。在设计时要仔细研究建筑立面和细部，研究出能够强化建筑立面特征的灯光组合，同时又不能过分强调局部导致建筑给人以割裂感。

建筑主入口照明

对于建筑的入口有这么几点需要关注。入口是人们进入室内空间的引导，有可能的话室内设计师应当和建筑师共同协作，创造一个能够联系建筑室内外的和谐的入口空间。

从技术角度来说，入口和通道空间是室内外的过渡区，这个过渡区无论白天

图18.4　均匀照亮的立面实例
（图片来源：史蒂芬·霍普）

图18.5　照亮特征部位的立面照明实例

电气师笔记

所有的室外灯具都有侵入防护（IP）等级，用两位数字表示。第一位数字表示灯具对于固体危险物和灰尘入侵的防护能力，第二位数字表示灯具的防水能力。表18.1提供了对于IP等级的说明。

表18.1　IP等级总结

固体		
等级	防护物体的尺寸	防护物体
0	—	无防护
1	>50 mm	任何大面积的人体表面，如手掌无法进入；不保护人体表面有意的触碰
2	>12.5 mm	防止手指或小型物体进入灯体内部
3	>2.5 mm	防止工具、电线等进入
4	>1 mm	防止大部分电线、螺钉等小型物体进入
5	防尘	防止绝大部分外物进入，虽然无法完全防止灰尘侵入，但灰尘的侵入量不会影响设备的正常运转
6	尘密	完全防止外物及灰尘侵入

液体	
等级	防护物体
0	无防护
1	防止垂直落下的水滴
2	倾斜15°时，仍可防止水滴侵入
3	防止与垂直方向的夹角小于60°方向的喷洒水侵入
4	防止来自任何方向的飞溅水
5	防止来自任何方向的喷射水
6	防止来自任何方向的强力喷射水流
7	可以浸没在水下1 m处30分钟
8	可以浸没在水下超过1 m处（具体条件视厂家而定）

还是晚间都很重要。为了让人眼能够适应室内外光线的强弱变化，入口过渡区的照明白天应该比晚间更强。反过来，到了晚间，过渡区照明照度要调低，让人们可以适应从黑暗的室外进入明亮的室内。

景观和步道照明

步道和景观照明都属于近人尺度，因此通常照度不会很高，主要在人眼高度提供亮光。通常照树的上照光创造了整个夜景的背景，如果某棵树外形比较独特，那么树本身就会成为景观。小灌木也可以被照亮（图18.6），但通常不会完全均匀照亮。

步道照明有很多实现手法，通常会受建筑条件的影响。照明手法可以非常建筑化，即和墙体、坐凳或者栏杆扶手精妙地结合（图18.7），或选用极简设计的低位灯具。也可以反其道而行之，选择装饰性的庭院灯具（图18.8），或是在周围建筑上安装壁灯。

图18.6　景观照明

图18.7　暗藏式走道照明
（图片来源：史蒂芬·霍普）

图18.8　庭院灯具照明

街道照明

　　公路和高速公路的照明设计需要对照度水平、对比度、眩光以及交通部门的要求进行非常复杂的研究,在本书中不便详细展开。不过,小尺寸的街道照明会影响建筑室外的周围环境,在做景观和建筑照明设计时要一并考虑。

　　街道照明的主要目的是安全,但也能影响人们对于街道和人行区域的认知。比如,采用小尺寸灯具并且密集地排布,能够强调这是人行走道而不是行车区域。

　　街道照明通常是用来照亮小型道路的,也可以用来标示出人行道的方向。最典型的灯具是 2.4～4.8 m 高的灯杆,如图 18.9 所示。另外 0.9～1.2 m 高的庭院灯

图18.9　灯杆照明

也很常见(图18.10)。灯具的外观风格也是多种多样的,有复古的,也有现代简约的,具体选型要参考周围建筑的风格。

图18.10　庭院灯具

在做街道照明设计时,有必要仔细考虑周围环境灯光水平、建筑红线以及规范要求,对比度、眩光以及观察角度也要考虑,以创造舒适的光环境。由于街道照明设计要求很复杂,因此计算就显得很重要。虽然照明的美学外观由建筑师或景观设计师来定,但技术问题由照明设计师或工程师来解决。

灯具选择

户外应用的灯具必须满足户外的防护要求,包括气温变化、防水防尘的考虑。

此外,灯具安装必须和建筑表面协调好。通常地埋式安装的灯具要求硬质地面上留好安装孔位,墙面安装的灯具要提前沟通好位置,做好管线的预埋。靠近绿植安装的灯具要注意安装时尽量减少对植物的破坏。

第 **19** 章 照明翻新基本知识

　　在设计和建设行业,提供节能高效的照明方案不仅是规范的要求,同时也是我们的社会责任。减少照明的能耗有很深远的影响,据全球统计,目前照明消耗了大约20%的电力。此外,建筑业主们也能通过照明节能省下大笔的长期投入。

　　照明系统的能效在过去几年里有了显著的提升。另外人们的节能意识也加强了,普遍意识到应该根据视觉任务需求来配置照明,原来的空间照明是过量的。这两个因素让我们有机会对过去老化的、效率过低的照明系统进行升级。此外政府和很多商业机构也推出了针对节能的补偿或者减税奖励。如果我们无法将整个室内装修进行翻新,至少可以对照明系统进行翻新改造,一方面能降低能耗,另一方面也能升级控制,同时还能改善光品质。

　　改变的程度受几方面因素影响,包括系统的使用年限、灯具或光源的种类、预期的回报周期,还有客户的初始投入等。在升级或改造之前,有必要先了解清楚原来安装的照明系统的情况,能耗是多少。这需要一次彻底的调研,要记下水平和垂直照度,以及控制的类型等。同时也应当查明空间使用情况和使用时间,现有照明能否满足需求。虽然改造的主要目的是节能,但光品质的提升也很重要。

　　完成了现状调研以后,照明改造的范围就可以确定了。可能只是简单地做光源替换,也可能是对整个照明系统进行重新设计。

光源

　　最简单的翻新方式就是将光源更换为更高效的型号。过去这种升级意味着把普通白炽灯泡改换成卤素灯或CFL光源,近年来LED替代光源开始流行。但是更换光源时要注意光的品质不能下降。选择新光源时要留意光输出、色温、显色指数等指标,确保满足照明需求。

　　虽然已经有了可替换白炽灯的LED灯泡,但两者的技术差别很大,对应的灯具外壳也不相同。新光源装在老灯具里可能会表现不佳,比如配光不符合要求或者产生很多眩光。另外,某些改造光源不支持调光,或者需要搭配特殊的调光器。要特别留意光源和调光器之间的兼容性。在大批量采购新光源之前,最好做一下样灯测试,从各方面比较新老光源的效果。

随着 LED 技术的不断进步,已经出现了可以替代 PAR 光源和 MR 光源的 LED 光源。LED 散热需要空气流动,因此不能将其安装在全封闭的灯具之中。在采用 LED 光源之前应了解清楚其安装要求,这样才能达到灯具的理想寿命和节能标准。

对于商业和工业领域, T-12 线型荧光灯管仍很常见,升级时可以替换为更高效的 T-8 灯管,这样长度和接口都是兼容的,不过镇流器可能要替换。荧光灯管的 LED 替换产品也已经有了,但 LED 只能向前出光,所以这类光源的性能和传统荧光灯非常不同,由此可见样灯测试还是很重要。

镇流器

替换不同光源时需要更换镇流器,其实即使是同类光源,替换老旧的镇流器也能达到节能效果。将电感镇流器换为电子镇流器,能效也可以有很大的提升。此外,如果在前期调研中发现现有的照度水平远高于推荐值,可以采用节能光源和节能镇流器的组合,实现照度的降低。还可以选用便宜的步进式镇流器来实现照度的分级控制。

老式金卤灯也可以通过更换光源和镇流器实现节能,还可以顺便改善光品质和恒定性。

灯具

很多标准商业或工业灯具可以通过更换或加装反射器、透镜来提高光输出。这种变化也会影响灯具的配光,所以最好先做样灯测试,确保变化后的配光符合空间需求。灯具效率提高后,单灯所需的光源数量就会减少。很多灯具在翻新时要将光源和镇流器一起替换。

近期研发出一批 LED 替换套件,可用来替换荧光和 HID 灯具。由于光源原理完全不同,因此替换时需要替换整套套件,包括灯具本身、驱动、反射器等。这种整体替换的解决方案很有吸引力,因为不仅可以节能,还能减少维护成本。

由于大部分道路、停车场和人行道照明都要求长寿命,对这些地方做照明翻新能充分发挥 LED 寿命长的优势。此外光品质也能得到提升,控制方法也更多。很多厂家都能提供整体替换产品,对灯具进行直接升级,不影响原有的灯杆、配线等。

如前面提到的,对老旧系统进行翻新的投入很快就可以被所节约的能源费用所覆盖,因此当某套系统的使用已经超过 20 年时,最好的处理就是更换新的灯具。

照明控制

对光源或灯具进行翻新时,最好把照明控制也一并考虑了,因为相关工作很简单, 费用也很低。比如,在一个小型空间中,墙面开关可以替换为人体感应器, 或者在配电箱里设置时钟控制器。

在更大的范围内,可以考虑在天花安装人体感应和日光感应。传统产品还是有线控制的,现在很多厂家推出了无线的感应器,采用电池供电,不需要另加电线。感应器通过特殊的无线信号对主电源进行控制。

除了本地控制,加装能源控制系统或者数字照明控制系统也能大大节约能源。当然,这种方法需要高昂的前期投入。有了整套的建筑控制系统,用户可以追踪全天的能源使用情况,这让用户可以发现效率不高的地方并且错峰使用能源。

第4部分

职业技能

第 20 章　职业照明设计

照明设计在整个建筑领域还是个比较新的专业,很多照明的原则和标准都来自建筑学和工程学。但是,由于照明科技和设计手法的快速发展,照明设计师必须解决一些特定的问题。

设计文档

在整个设计过程中都要做好设计文档,包括各种决议、建筑条件、做过的计算以及各种图纸和清单,让整个团队的人都能方便使用。

一般信息

在设计过程中,应当随时记录下项目要求、决议和其他信息,以便项目推进过程中随时查阅,对于每个要设计的空间,记录好以下信息:
- 空间的面积和尺寸。
- 房间的立面和剖面。
- 所有表面的材质和处理。
- 家具。
- 视觉任务和位置,包括焦点任务。
- 建筑或室内设计理念。
- 选定的照明水平,包括任务照明、氛围和焦点照明。
- 灯光色温和显色指数。
- 控制要求。
- 成本预算。
- 功率或能耗要求。
- 规范要求。
- 项目有关的其他要求。

记录这些信息有很多好处。首先,这能让设计师完整地收集工作所需的信息;其次,这可以帮助设计师明确设计问题以及解决方法;最后,留下书面记录有利于以后分清责任。从这个意义上来说,很多设计师会把每一份手绘图、每一份发出去的图纸都做好存档。

计算

几乎每个商业项目都有某种类型的计算,即便是更强调艺术和美感的酒店或餐厅照明设计,很多地方也要求对逃生通道的照度进行计算。

从实用角度出发,很多建筑师和室内设计师会要求灯具厂家或经销商帮他们做计算。虽然这样做也没有错,但照明设计师还是应该将所有的计算都复核一遍,以确保选择正确的灯具和光源。

冲突和问题

照明设计有时会很棘手,因为不同的人有不同的看法。定好的设计方案进行反复修改和调整是常有的事,其原因多种多样,可能是个人喜好,可能是成本、能耗问题,也可能是和机电管线发生冲突等。通常这些变更会影响照明设计的整体性。

照明总体来说不像结构那样关系重大,不过照明设计的错误也会带来一定的后果,常见的问题包括:

- 视觉任务所需的照明水平不足。
- 灯具或者布光效果不佳。
- 整体能耗太高。
- 整体维护成本太高。
- 对人员或车辆存在潜在危害。

照明经常被认为是锦上添花的或可以舍弃的,特别是当建筑整体预算超支时,经常会要求对照明进行简化,减少灯具数量或改变灯具选型。承包商也经常会向业主提出"成本优化"的提议,在设计师不知情的情况下改变设计方案。这时候对设计方案和相关决议的记录都是设计师保护自己的重要工具,一旦最终效果不佳可以明确责任。

做好记录还能应对潜在的问题。比如说,成本能耗的增加以及越来越严格的节能规范会要求降低照明水平;而人口的老龄化会要求更高的照明水平。设计过程中做好记录的设计师可以快速解决这类问题,同样这也是对设计师的保护。

设计成果

表 20.1 和表 20.2 列举了照明设计需要提交的成果清单。

照明文档基本都由电气工程师进行审核确认,至少要由电气工程师完成回路

表20.1 照明设计文件清单

项目	内容
照明平面图	在建筑平面图或天花图上绘制的照明设计方案(参见第 10 章)。照明平面图旨在整体展现照明设计方案,不过绘制照明平面图通常只是绘制电气平面的中间步骤
灯具清单	详细列举各套灯具技术参数的文档
设计说明(选择项)	介绍设计理念和原理的书面文档
设计草图	通常是手绘草图,帮助介绍设计理念和细节
计算	有关项目相关数据的计算结果

表20.2 招标文档

项目	内容
合同图纸	照明电气图纸,由建筑师、电气工程师或照明设计师所绘制,以明确和照明相关的工作量合同范围。这些图纸通常是基于照明平面图所绘制,还增加了一些附加信息,例如分支回路编号等
灯具清单	根据灯具编列出的灯具清单,清单中应当包括各种灯具的全部信息,如编号、描述、工作电压、额定功率、光源类型及数量、镇流器类型及数量、安装方式、表面材质,以及认可的制造商及产品型号(参见第10章)
节点图	表示灯具安装特定细节的图纸
光源清单(可选)	按照光源类型列出的光源清单,这种清单对于特别大的项目或者有特殊型号光源的项目尤为有用
书面说明(可选)	照明安装的注意事项,通常放在项目手册的电气部分。主要描述了照明以及控制设备和要求,供采购、安装、调试以及编程使用
等照度图(如果需要)	对某些类型的照明,政府会要求平面图上画出等照度曲线。通过计算软件可以导出此类图纸
控制逻辑图	列举出控制元器件,以及相关控制及调光系统使用方法的图纸

设计。最终的电气施工图上既要有灯具,也要有电气。如果照明和电气由两个人分别完成,那就需要一定的商议和协调。

设计阶段

照明设计是建筑设计的一部分,过去工程师在建筑设计后期才考虑把照明加进去。然而,从照明节能、自然采光以及照明更好地与建筑融合等方面考虑,照明设计最好在项目早期就开始。

根据美国建筑师协会(AIA)制定的标准流程,下文和表20.3列出了各阶段照明设计应当做的工作。

表20.3 项目阶段和照明设计的成果

设计阶段 (美国建筑师协会)	活动	成果
计划安排	确定照明设计在项目中的角色,设定预算	叙述文件和预算限额
初设阶段	帮助确定自然采光策略;参与分析空间,确定照明风格和能耗需求;用草图设计照明概念;进行初步计算,确定部分产品,对照明概念进行成本概算	叙述文件,配上灯具清单、草图、初设图纸、预算清单、初始计算的结果
扩初阶段	协助设计建筑平面图、剖面图和节点图,特别是天花图;完成照明概念并开始绘制照明平面图和节点图;编写灯具清单,确定控制设备;完成最后的计算及图纸;确保符合预算和能耗要求;编写照明说明	以下内容至少部分完成:照明平面图及节点图、灯具清单、灯具参数表、设计说明、规范审核文件,还要提供控制说明
招标文件编制阶段	绘制照明电气图及控制图,完成所有文件,做最终的调整,确认预算和能耗都达标	全部完成:照明平面图及节点图(为电气工程师绘制电气图)、灯具清单、照明及控制说明

计划安排

理想情况下,照明设计在项目早期就已考虑在内。理想的照明设计开始的时间是建筑或室内的概念设计完成时,这时候建筑师或室内设计师应当检查项目里需要照明设计的空间,记录下对照明的初步设想和需求,包括具体功能、照明强度、色彩效果、特殊效果、预算、审美等。一个好的照明设计工具就是本书第9章给出的表格,通常在大型项目中,照明设计师在这个阶段介入项目。

初设阶段

此时,照明设计师应当完成初步的设计方案供设计团队和业主审核。沟通很关键,要确保建筑师或室内设计师的想法被正确理解。

扩初阶段

和所有的设计一样,对于评审的讨论肯定会带来很多修改,这个过程需要很多互动。对于大型项目,参与评审的会有很多不同专业的人。解决了基本问题以后,讨论就会进入针对灯具细节以及控制要求的部分。

在设计扩初的后期,照明设计已经接近完成。设计还需要和其他专业进行配合,确保照明设计不会破坏整体建筑。具体内容包括检查天花内部安全空间,确认天花及挑檐标高,以及协同机电末端。

通常照明设计师的工作要在扩初阶段的后期完成。照明设计师的图纸通常无法直接用来招标,建筑师、室内设计师或者电气工程师还要在这个图纸基础上绘制招标图纸。

招标文件编制阶段

这个阶段需要协调确认众多细节,比如要和电气工程师确认供电细节,和机电工程师确认天花安装空间,还要和室内设计师确认各个安装细节。

招标阶段

招标文件完成后,通常就进入招标或者议价阶段。通常投标单位的报价会超过原有的预算,这就要求设计方调整设计方案,降低总造价。

施工阶段

在项目实际建设阶段,照明设计师会经常被叫到现场去解释各种细节,从重点照明的聚焦方向,到复杂的控制系统的调试等。对很多意想不到的问题都需要给出专业意见,比如天花内灯具和机电管线冲突,或者由于某些产品无法按时供货而要求替换。

建筑完工后,照明设计师要参与项目验收,具体工作包括:

1. 在建筑内巡场,确保所有灯具都正确安装。设计师要提交一份巡场报告,或者"销项清单"。

2. 调试所有可调角度灯具的方向,或者要求增加滤镜、遮光片等配件。

3. 检查控制系统及调光系统的运行情况。

4. 向运营团队讲解照明系统的使用方式。

以上步骤对于复杂的照明系统尤为重要。我们无法要求或指望施工单位拥有照明设计师那样的审美能力。另外,很多照明控制系统,如动作感应、日光感应等,不会预设完好,需要反复地试才能正常工作。

使用前评估

在项目正式投入使用前,照明设计师的作用都特别重要。通常很多灯具和光源还需要细微的调校。此外这也是难得的学习机会,设计师可以了解哪些照明效果好,哪些运转不佳——这样不仅可以避免以后犯同样的错误,也能获取新的知识。

设计落地及成本管理

所有照明设计很大程度上都依赖于灯具的外观和性能。如果设计师指定了灯具,这些灯具通常可以满足项目需求。如果多种灯具都可以满足要求,那么设计师就应当给出多种选项。

不过灯具销售行业并不完全尊重设计参数,供应商们要为项目竞标。代理商会从厂家那里得到报价,行业惯例是每个代理商会得到一个打包价,里面包含很多常用灯具。单个项目中可能会用到不同厂家的产品,分属于不同代理商的打包价。

这时候代理商就会提出产品替换,他们自认为替代产品的性能和设计指定的差不多。有时候确实如此,设计师需要仔细审核替代产品。大多数设计师要求在项目早期就明确替换需求,不要在不知情的情况下就安装了替换产品。

照明的招标方式最早来自政府。政府投资的建设项目通常要求公开招标采购,每一样产品都要给出三种不同的厂家供选择。现在这种要求无论在政府项目还是私企项目中都开始普及,不过设计师还是有权对于某些特殊效果的灯具指定特定厂家或特定灯具型号。随着 LED 的推广,整个行业都在努力推进产品的标准化,指定厂家会慢慢变少。

照明行业真正不可替代的产品是极少的,和家具行业一样,某些灯具厂家对知识产权缺乏尊重,包括设计和专利。大多数代理商会代理多个厂家的灯具,他们可能会用仿冒品来替代项目里的重要灯具。大部分仿冒品都侵犯了相关专利或外观设计专利,但由于法律维权成本太高,所以很少有人采取行动。

近期也有厂家开始反击了,但由于行业特殊性导致执法困难,所以很多厂家依靠职业设计师来帮助打击这些仿冒产品。设计师们也应当坚守自己的职业操守,反对仿冒产品,保护知识产权。具体可以做的有:

1. 仔细书写灯具清单和要求,给出三家可接受的备选供应商。在文件中应当避免使用"或同类产品"这样的说法,而要用"或经过许可的产品"。

2. 在灯具清单中单独列出不可替换的产品。设计师要明确表示这些产品不接受投标替换,相关报价要单独列出。

3. 要求承包商提交产品单价清单,以发现不合理的报价。

4. 要求承包商事先提交替换请求并得到许可后才可以投标。

不幸的是,那些代理了项目中不可替换灯具的代理商通常会把这个当作优势,拒绝把产品卖给其他竞争者。要解决此问题一种方法是和这些代理商、厂家以及承包商谈判,各方谈定一个合理价格;另一种方法是和业主商议,对于这些特定灯具单独采购。

成本优化也是一个做产品替换的机会。承包商通常会和代理商串通起来,要求降低设计品质,美其名曰"成本优化",但其实这些节省下来的成本很少会让业主受益。常见结果是业主的投资有少部分下降,但效果损失很多。

设计对于项目成功至关重要,设计师要想让项目完美呈现就必须积极参与到成本管理之中。

照明设计常见问题

照明设计师要创作出高品质的设计方案会遇到很多问题和挑战,设计师应当仔细检查以下问题:

- 能耗超标。设计师应当选用高能效的光源,不要过度照明。
- 直接眩光。设计师选用的灯具必须配备遮光设施,防止人眼直接看到光源或反射器。
- 光幕反射。设计师要控制好灯具的位置,避免光幕反射。
- 光源在电脑屏幕上反光。其实不光是电脑屏幕,其他高光反射材质表面都可能会有类似问题。
- 错误的光色选择。

和照明设计师合作

以往一个建筑项目或室内项目的照明效果是由建筑师或室内设计师负责的,他们经常会向灯具销售高、代理商、电气工程师或者承包商征询技术细节,以帮助他们完成照明设计。现在照明技术已经发展得非常成熟,而且很多业主已经认识到了照明效果的重要性,所以一个新的职业——照明设计师——在过去几十年里崭露头角。照明设计是一门和建筑学、室内设计以及电气工程都相关的综合学科,能够极大提升空间的效果。

通常照明设计师是作为建筑师、室内设计师或者景观设计师的分包顾问出现的。最需要照明设计师的项目是那些美学、效果、氛围相对重要的空间,例如餐厅、酒店大堂、艺术画廊、博物馆以及高端零售店等。随着照明的重要性被越来越多的人认知,照明设计师的服务范围也逐渐扩展到了办公、医疗、教育等其他建筑领域。

虽然本书介绍的照明设计案例都非常基本,建筑师和室内设计师可能不需要照明顾问就可以自己完成,但大型项目中聘请一名灯光顾问已经逐渐成为主流。照明设计师除了掌握丰富的照明知识,还要对各种规范和成本限制了如指掌。当需要特殊照明效果时,照明设计师的作用就更加重要,比如对艺术品的展示、高级公寓的照明,或者私人会所的照明等。当预算允许时,照明设计师可以创造出超凡脱俗的效果。

和照明设计师合作有很多好处,最明显的一条就是他们在照明领域有丰富的经验,包括技术和艺术两方面,相对来说建筑师和室内设计师没有精力深入研究某个细分领域。照明技术在快速地发展,已经成为很专业的领域,普通设计者已经难以掌握。建筑师和室内设计师更加没有时间去研究照明的专业知识。

照明设计师的重要工作之一就是和电气工程师相配合,解决大量的现场问题。满足规范要求是个复杂的工作,需要专家的仔细分析。预算也是个棘手的问题,怎样用有限的预算达到最好的效果是项艺术。此外,在非照明领域,照明设计师作为第三方可以给建筑或室内设计提供新鲜的、局外人的视角。

由于照明设计还是个比较新的领域,很多业主还不能理解照明设计师工作的价值,因而也很难接受额外的一份设计费。这种情况下,要由建筑师或室内设计师来向业主说明照明设计师的工作价值有多大。现在越来越多的建筑设计公司会和固定的照明设计师合作,并把其设计费包含在总体设计服务费之中。建筑师也会根据项目类型选择有相应丰富经验的照明设计顾问。常见的选择照明顾问的方法有:

- 通过同行推荐。
- 根据对以往案例的评估。具体包括现场走访、考察等,因为简单看图片无法真实了解照明项目的好坏。

- 资质或项目经验。
- 工作方法及能力。可以询问以下问题:照明设计师应当在项目哪个阶段介入设计? 项目某个阶段应该完成什么工作? 照明设计师希望从建筑师这里得到什么帮助? 对于你的职业有哪些基本的职业哲学? 管理承包商的能力如何?

职业设计组织

有必要专门提一下照明设计领域的职业组织。和建筑师及室内设计师的职业资格考试类似,照明行业也需考试认证,具体由美国照明职业资格认证委员会(NCQLP)进行。

通过相关考试的人员证明了他们具备基本的职业知识,被称为认证照明设计师(LC)。NCQLP 的职业认证允许照明各领域的人参加,包括厂家、销售以及其他相关人员。而国际照明设计师协会(International Association of Lighting Designers,IALD)则是专门针对从事照明设计行业的人,要求参加者提交作品集,还要遵守严格的职业道德。

附录 A

节能规范计算

节能规范规定了照明系统能效值或者产品性能的下限。节能规范的种类很多，从全国性的到地方性的都有。

随着光源和灯具的能效越来越高，节能规范的需求也随之越来越严格。最新的美国全国性规范是美国采暖、制冷与空调工程师学会标准 ASHRAE Standard 90.1—2016。国际节能规范（IECC）也参照了 ASHRAE Standard 90.1，这些规范的内容可以在相关网站上查询。各个地方在采用此规范时，有时会加入一些地方性的修正内容，所以照明设计师必须仔细阅读当地的节能规范。

美国各个州的节能要求小有不同，具体内容可以到美国能源规范网站查询。

节能规范结构

节能规范中针对照明的要求可以划分为以下几大类。

照明功率密度

照明功率密度，规定了空间中照明耗电的最大值，通常是用单位面积的照明功率来表示（ W/m² ），把这个数值乘以空间总面积就得到了照明总功率。这个限值可以是针对整座建筑的，也可能是针对建筑中不同空间类别分别规定的，对视觉要求高的空间功率密度高一些，对视觉要求低的空间功率密度低一些。

对于有特殊照明需求的建筑（可能是整座建筑也可能是某个具体空间）规范给出的功率密度的数值相对于照明需求来说太低了。这种情况下，节能规范也允许针对某些特殊需求提高限值。这些额外的数值主要针对那些有特殊功用的照明设备，应用范围不会很广，且会导致整座建筑能耗超标。

大部分节能规范也允许建筑在总能耗限值内进行调剂，也就是说允许用户将在某些方面节约的能源，用来提高局部照明的水平。比如，安装高效能的空调系统，将节约下来的能源用到照明系统上，以提供更高的照明功率密度。

有些节能规范会把照明能效的要求推广到室外照明，比如外立面泛光、雨棚照明、室外走道照明、停车场照明。这些要求一般不适用于道路照明,因为其电力并不是来自建筑的供电系统。

照明装机功率的计算

所有的节能规范在规定照明功率限值的同时也会规定装机功率的计算规则。这些规则对光源、镇流器以及灯具的数量和种类都有明确规定,并且要看到光源与镇流器结合后的整机功率。这些规则鼓励设计师们尽量选择能效更高的光源、镇流器与灯具的组合。

开关强制要求

大部分节能规范都包含了针对照明控制的强制要求,通常和照明功率密度无关。这些强制要求可能包括每个房间都设置独立的照明开关,在有自然采光的地方对靠窗灯具进行单独控制,以及时钟控制或者光电控制等措施。很多节能规范会要求在无人时段自动切断照明总电源。此外,在很多规范中,对于额外允许的照明功率必须和整套系统分开控制。

强制控制要求

节能规范通常也会对照明自动控制的基本性能进行规定,要保证它们能够正常运转,不会引起客户不满。具体要求可能包括人体感应器或光电感应控制的灵敏度等。

合规文件

最新的节能规范基本都会提供标准格式的表格供设计师填写,以证明他们的设计方案符合规范。制作表格的目的是让设计师和规范执行部门简化工作流程,快速检查确认特定的设计方案能否符合照明能耗要求和控制要求。

这些表格对于大型建筑来说可能会篇幅很长、很复杂,有些部门还会提供专用的软件,让设计师们可以在电脑上填写,这也大大降低了计算错误的概率。规范还会要求在平面图里表示出照明系统里的特殊元素和控制要求。这些都是为了达到节能要求,获得更好的节能效果。

关于节能规范的几项要点

每个建筑设计都要重视能源效率,节能规范能帮助我们完成相关设计。
- 规范内容在美国各州之间各不相同,有时城市之间也不同。设计师必须熟悉当地的规范要求。
- 美国某些州要求在提交计算结果时一并提交平面图纸。
- 美国很多州只要求政府项目提供合规文件。
- 美国联邦标准通常只适用于联邦项目或者在联邦土地上建设的工程,包括外国驻军的基地等。

附录 B

LEED中的照明

可持续建筑已经成了新的设计潮流，很多设计师把可持续性看作一种社会和环境责任。可持续建筑不仅可以让环境更美好，让使用者更舒适，同时也会给业主带来长期的经济回报。为了帮助设计师、施工方以及业主们衡量建筑的可持续性，美国绿色建筑协会（USGBC）在2000年建立能源与环境设计先锋（Leadership in Energy and Environmental Design，LEED）评分及认证体系。LEED适用于所有的建筑类型，包括商业建筑和居住型建筑，以及新建建筑和改建建筑。

LEED提出了一套评分体系，细分为很多类型。对于要申请LEED评级的建筑，首先要满足一些必要条件，然后要获得某个评级对应的最低分数。建筑根据其得分情况分为LEED银级、金级或者白金级认证。评分类别具体包括：

- 选址和交通。
- 可持续性场地。
- 用水效率。
- 能源和大气。
- 材料和来源。
- 室内环境质量。
- 创新性。
- 本地优先。

照明在LEED认证中也有重要作用，主要体现在节能上。整个标准采用通盘考虑，既考虑短期效应也考虑长期效应。LEED鼓励使用高效的照明系统，同时也鼓励减少开灯时间。照明控制对于节能来说作用巨大。

除了节约能源，可持续性建筑设计还要努力减少对周围环境的负面影响，包括减少光污染。因此，LEED要求室外照明尽量减少使用。

总体来说，LEED认证的建筑能够降低运营成本，减少建设和运营过程中的浪费，节约能源和水，并为用户提供更安全健康的使用环境。